U0348193

耕作措施
和外源碳的土壤环境效应

◎ 姬 强 著

中国农业科学技术出版社

图书在版编目（CIP）数据

耕作措施和外源碳的土壤环境效应 / 姬强著. --北京：
中国农业科学技术出版社，2022.7

ISBN 978-7-5116-5790-9

Ⅰ.①耕… Ⅱ.①姬… Ⅲ.①耕作制度－研究－西北
地区 Ⅳ.①S344

中国版本图书馆CIP数据核字（2022）第 108930 号

责任编辑 李冠桥
责任校对 李向荣
责任印制 姜义伟 王思文

出 版 者 中国农业科学技术出版社
北京市中关村南大街 12 号 邮编：100081
电 话 （010）82109705（编辑室） （010）82109702（发行部）
（010）82109709（读者服务部）
网 址 http: // www.castp.cn
经 销 者 各地新华书店
印 刷 者 北京建宏印刷有限公司
开 本 170 mm × 240 mm 1/16
印 张 8.5
字 数 153 千字
版 次 2022 年 7 月第 1 版 2022 年 7 月第 1 次印刷
定 价 50.00 元

前　言

由半湿润向半干旱、干旱过渡的西北地区，拥有我国一半以上的耕地资源，农业生产具有很大的增产空间。土壤结构以及土壤有机碳的稳定性，对土壤整体质量和土壤肥力的提高具有决定性作用。而在农田生态系统中，人为管理措施诸如耕作体系、有机及无机物质输入等，直接决定和影响着土壤有机碳库的平衡、土壤结构状况及作物生长发育。

保护性耕作是指通过少耕、免耕、地表微地形改造技术及地表覆盖、合理种植等综合配套措施，从而减少农田土壤侵蚀，保护农田生态环境，并获得生态效益、经济效益及社会效益协调发展的可持续农业技术。我国保护性耕作的类型整体上包括：免耕、旋耕、深松及其与秸秆还田（覆盖或耕入土壤）互相配合等模式。秸秆还田与保护性耕作在不同地域的土壤施用后，土壤环境系统与作物所产生的响应差异显著。发展保护性耕作，有利于转变传统耕作观念，实现科学种田。保护性耕作技术的综合应用，实现了农业生态、经济效益和社会效益有机统一，在发展生产的同时，改善了生态环境，实现了人与自然和谐相处，促进了全社会经济的和谐发展，是构建社会主义和谐社会的重要体现。

生物炭是利用生物残体在缺氧的情况下，经高温慢热解（通常<700 ℃）产生的一类难溶的、稳定的、高度芳香化的、富含碳素的固态物。生物炭中的碳元素含量极高，通常在70%以上。由于生物炭的高比表面积和较高的孔隙度，当生物炭以一定的比例施加到土壤中后，可以降低土壤容重，提高土壤孔隙度，同时增强了土壤持水能力，极大改善了土壤结构。此外，生物炭丰富的表面官能团有利于其吸附重金属离子和有机分子，将此类物质固定到生物炭表面可降低其生物利用度和毒性，为土壤微生物创造良好的生存环境，改善农业生产的土壤环境。早在19世纪，位于亚马孙盆地的一种名为Terra Preta（葡萄牙语称"黑土"）的黑色、含丰富木炭的特殊土壤已经用于农业生产，当地人称其为"印第安人黑土"，其含有丰富的生物炭及其他有机物质，具有较强的恢复土壤生产力的能

力。自从2007年第一届国际生物炭会议在澳大利亚举办后，生物炭已成为全球科技工作者关注的焦点和研究热点，2009年《Nature》连续发表文章指出生物炭在固碳减排、土壤改良和环境污染治理中的潜在应用前景。自此，关于生物炭领域的研究迅速升温，目前国内外关于生物炭的研究主要集中在土壤改良、温室气体减排、环境治理以及农业环境修复等相关领域。

施用生物炭能够增加土壤的肥力，生物炭促进作物增产主要通过改变土壤的物理、化学和微生物学性质来实现。生物炭自身的多孔性和高比表面积特性对土壤容重、土壤孔隙度和土体持水能力均有良好的改善作用，生物炭对土壤pH值具有调节作用，还可以促进土壤氮磷转化以及对重金属离子的吸附。土壤中几乎所有的过程都直接或间接地与土壤微生物活动相关，在土壤中施加生物炭通过改变土壤理化性质会对土壤微生物的生存环境产生影响，进而影响土壤微生物的数量、结构及其活性。生物炭添加能够将土壤调节到碱性微环境，适宜于微生物生长，达到提高土壤微生物丰富度的目的，生物炭的多孔结构也使其本身可以作为微生物栖息繁衍的场所。

本书可作为农学类专业科技工作者、高等院校师生在农业废弃物资源化利用与土壤改良技术方面的学习参考资料。本书获得宁夏大学优秀学术著作出版基金资助，是国家自然科学基金项目（31960638）、宁夏自然科学基金项目（2020AAC02015）、宁夏农林科学院农业高质量发展和生态保护科技创新示范项目（NGSB-2021-11-05）以及宁夏大学园艺学西部一流建设学科项目（NXYLXK2017B03）的科研成果的阶段性展现，是项目专家和科研团队的智慧与劳动的结晶。除本书作者以外，西北农林科技大学王旭东教授、宁夏大学孙权教授和王锐教授，在本书的编写过程中提出了宝贵的指导意见，在本书出版之际向他们辛勤的付出表示衷心的感谢！本书难免存在不妥之处，敬请各位专家、同行与参阅者批评指正。

著　者

2020年11月

目　录

1 研究意义与国内外研究进展

1.1 研究目的和意义

农田土壤的肥力大小对土壤质量及农业经济的可持续发展至关重要（李长生，2000）。近些年来，我国北方部分地区的土壤有机碳含量呈现逐年下降的趋势，且下降的形势变得愈加严峻。这与采取的农田管理体系以及当地的气候土壤类型紧密相关。关中平原耕地面积有限，倘若继续按照现有的耕作模式进行农业生产活动，不久的将来，由这种掠夺式的耕作模式所产生的后果，必将以更加强烈的方式反噬人类。

保护性耕作的理念逐渐被人们了解和接受。探寻适合当体土壤质地、理化性质的耕作模式，成为农业生产者们十分迫切的需求。我国目前已经因地制宜地开展了很多保护性耕作模式的应用与推广，但由于所处的气候和地理条件不同，施用推广的范围和效果都有待进一步的研究与探讨。对不同保护性耕作与秸秆返还结合的模式，成为研究中重要的方面。各地的温度、气候、土壤条件，使得保护性耕作产生的效果也各有不同（Govi et al.，1992）。谭德水（2008）研究指出，秸秆还田与保护性耕作在不同地域的土壤施用后，作物产生的响应差异显著。整体来讲，我国关中平原保护性耕作的类型整体上包括：免耕、旋耕、深松耕与秸秆还田互相配合的模式。

关中平原作为陕西省最为重要的粮食生产基地（占全省粮食产量的约48%）和农业产值中心（占全省农业总产值的49%），同时也养育着全省50%的人口。农业生产者不当的耕作习惯和对土壤的利用方式，产生了许多恶性的后果，如水土流失严重、土壤质量下降、作物产出严重依赖化肥添加、土壤污染严重等。另外，生产者们为了维护自己的经济利益，又不断地去耕作更多的土地，如此造成了土地贫瘠和流失的恶性循环。因此，根据关中平原所处环境及土壤质地类型，研究土壤结构体、不同组分活性有机碳、作物产量等指标对保护性耕作的响应。为当地耕作模式的优化，作物产量和农民经济收入的提高具有重要指导意义。

在关中地区，由于玉米秸秆等材料降解时间较长，连续多年的秸秆还田措施，会造成秸秆输入过量，无法被完全分解，而老的秸秆残渣的代谢使得土壤颗粒逐渐聚合成大的颗粒团聚体，从而导致土壤孔隙变大，降水直接向下流失，养分对于作物的有效性降低。在作物生长初期，则有可能因为土壤通气性过大造成死苗、黄苗现象。目前的研究大部分围绕少量或者适量的玉米、小麦秸秆输入，对土壤质量、有机碳矿化以及作物产量的影响。秸秆碳和秸秆残渣在土壤中过量蓄积对土壤微生物活性、土壤水稳性团聚体分布、土壤官能团、土壤有机碳组分、作物不同生育期生长的影响，还缺乏系统的试验研究。而每年大量秸秆资源的闲置，对农业经济可持续发展也造成了极大的阻碍，探讨农业废弃物的无害化与有效利用也是近年来的研究热点之一。

生物质炭通常是指生物质材料在少氧的情况下，通过高温热解炭化过程，产生的一类高度芳香化、稳定的难溶固态物质（刘玉学等，2008）。生物质炭具有特殊的物理、化学性质及生物学特性，对土壤温室气体排放控制、土壤质量改善、农业可持续发展等方面具有重要意义，同时也为农业废弃物的无害资源化利用提供了新思路。生物质炭的惰性并不是指代生物学惰性，一定程度上的微生物降解作用也是能够发生的。菌根、菌丝、多糖的分泌使得生物质炭促进了稳态有机质团聚体的形成，也对土壤有机质起到了物理性的保护作用，然而对于这一假设的确认还需要更多关于生物质炭的研究来探明（Rillig and Mummey，2006）。生物质炭添加后，主要作用于土壤大颗粒团聚体（>0.25 mm），还是小颗粒团聚体（<0.25 mm），也变成了近些年来研究者们争论的热点。生物质炭对作物生长的影响，大部分研究关注于低生物质炭添加量（0.5 t/hm^2），以及对不同作物种类的影响等（Rondon et al.，2007；Steiner et al.，2007，2008a；Yamato et al.，2006）。鉴于高热解温度下制备的生物质炭自身所包含的有害物质，较高生物质炭施入量对土壤结构、易降解有机碳、微生物活性、作物生长的影响还有待进一步研究探讨。

本研究通过对不同保护性耕作模式下，土壤水稳性团聚体、不同组分活性有机碳库的变化；不同外源碳输入（生物质炭、秸秆碳），土壤官能团、土壤结构、微生物活性、土壤活性有机碳、作物生长发育情况等指标的测定分析，以期为关中平原耕作模式的优化，土壤质地改善，以及农业生产废弃物的无害化和循环利用提供科学的理论基础。

1.2 国内外研究进展

耕作方式会直接影响土壤结构、土壤有机质的转化及养分的有效性。国外对耕作方式的认识在1930—1940年开始逐步加深，这主要是由于1934年席卷美国的黑色风暴事件，短短的3 d时间里，风暴所到之处遮天蔽日，庄稼枯萎，人们流离失所。黑色风暴将表层的大量肥沃土壤直接卷走，露出了贫瘠的沙质土层，土壤结构也直接产生变化，给美国的农牧业带来了前所未有的重创。苏联也未能从美国的沉痛代价中吸取教训，类似悲剧两次重演，20世纪60年代，新开垦地区先后两次遭到黑色风暴的袭击，农田颗粒无收，土地沙化现象严重。这些事件使得人们开始认识到过度的开垦耕作模式终究会让大自然以更强的方式回击人类。保护性耕作的概念也逐步进入人们的视线，并被接受和认知。我国保护性耕作起步相对较晚，在20世纪80年代初开始引入我国，首先在东北地区试点进行，并在随后的时间里逐步在华北和其他地区广泛推广开来。整体来讲，国外的保护性耕作研究主要是以免耕和少耕模式为主，并适当开展秸秆的保留技术以及无机肥和有机肥配施模式的研究。我国由于土壤类型和气候环境条件的不同，保护性耕作在各地有不同的耕作模式产生，总体来讲包括多年深松、旋耕、免耕以及对应的秸秆还田模式。从近些年国内外的研究成果来看，保护性耕作对农业和环境生态系统的影响主要集中在以下方面。

1.2.1 土壤和作物对保护性耕作模式的适应性研究

任何事物都具有两面性，保护性耕作也不例外，也有自身的优点和缺点（表1-1），应根据它的优缺点和当地土壤的结构与理化性质，因地制宜地采用适合当地作物和农业生产的耕作模式。一般而言，在一些透水性低以及土壤结构性差的土壤类型条件下，免耕往往导致比传统耕作更低的作物产量。Ehlers和Claupein（1994）的研究结果表明，良好的内部排水性能被认为是免耕模式是否成功进行的首要条件。在排水性很差的黏质土壤中，免耕模式

3.4 t/hm² 的燕麦产量明显低于传统耕作 6.1 t/hm² 的燕麦产量（Cannell et al.，1986）。在雨季，土壤类型和良好的土壤渗透性对于免耕的成功施用就更加重要。在芬兰的黏质土壤上进行的一项研究表明，与传统耕作相比，春大麦雨季的产量在免耕模式下降低了 12%；然而在粉质黏土中，即使在雨季，两种模式的作物产量却没有显著差异（Alakukku et al.，2009b）。

表1-1　传统耕作和免耕对应的一般优点与缺点（少数地区不适用）

传统耕作		免耕模式	
优点	缺点	优点	缺点
适当地松散表层土，良好的苗床	在犁底和拖拉机车轮下形成土盘	减少了压实型犁沟的产生	强湿润和干旱时期，作物建立问题
较好地翻耕杂草、秸秆残渣、肥料	过多的土壤扰动	高工作效率	杂草控制问题
翻耕改善较低层土壤结构	裸露土壤风蚀和水蚀风险加大	高承载力和机动机械采用性	除草剂投入问题
在收获季节使土块暴露，并利用天气条件逐渐松散	对表层土再次压实的敏感性增强	增加了秋播作物的采用性	N_2O 排放风险、P 淋失问题
促进各土层养分的均匀分布	将埋藏的杂草种子带到表土	石粒不会带到表层	湿润季节作物产量降低
促进表层土壤排水，利于第二年苗床的准备	湿润条件下减少了机动机械的可施用性	广泛的适用区域	不适合结构较差的沙质土壤
降低作物疾病风险	低工作效率和高投入	减少总投入成本	不适合排水性较差的土壤
有利于草地的苗床准备	增加了 CO_2 排放		表土紧实问题
	表层土壤有机质氧化作用增强		犁底层加重
	减少较大生物体的数量（蚯蚓、捕食型昆虫）		增加病虫害
			不利于固体牲畜粪肥的施用

在荷兰，结构不稳定的沙壤、黏壤、粉质沙壤土类型，都具有相似的海洋起源，被认为是主要的不适用于免耕的土壤类型（van Ouwerkerk and Perdok，1994）。荷兰的沙壤土在免耕模式下5~30 cm土层土壤穿透阻力增强，这主要归因于作物根部间隙减少、土壤紧实，尤其对于块根作物。丹麦结构型较差的土壤上，土壤紧实是免耕无法施行的主要限制因素，而合理的机械车辆管制是免耕土壤的推荐管理措施（Munkholm et al.，2003）。在德国，有机质含量较低的沙质或沙壤土，在免耕模式下往往不具备稳定的土壤结构，从而需要定期的土壤松散操作，使得免耕模式能够可持续地进行（Ehlers and Claupein，1994）。

被广泛认为的是，在免耕措施施用的2~3年时间里，作物往往需要大量的氮肥才能达到与传统耕作相同产量（Frankinet and Roisin，1989；Ehlers and Claupein，1994）。对于这一现象可能的解释机理是，反硝化作用产生N_2O，加速了速效氮的损失；矿化作用在春季、秋季、冬季的减少（也可能在夏季增强）（Baumer and Kopke，1989；Riley et al.，1994）；作物残渣对氮素的固定作用；作物根系生长的局限限制了土壤氮素的吸收；土壤理化性质改善引起的补偿效应（Baumer and Kopke，1989；Rasmussen，1994）。

在氮肥施用的免耕条件下，作物的响应也差别较大。Ehlers和Claupein（1994）的研究表明，免耕模式下的作物产量在低氮素施用条件下，显著低于传统耕作和高氮素施用条件；而冬小麦无论在免耕或者传统耕作模式的不同氮肥施用条件下，作物产量的差异都不显著。即使春播氮素使用量高出秋播达9%的情况下，免耕模式下春播的谷物相对于秋播传统耕种的谷物，平均氮素损失降低了13%~14%（Alakukku et al.，2009b）。这可能是由于免耕模式下具有更强的脱氮作用。

1.2.2 保护性耕作模式对土壤结构和理化性质的影响

在衡量耕作模式对土壤结构影响方面，首先要确定敏感的衡量指标，目前，较为敏感的指标包括：在0~5 cm和5~15 cm土层的入渗阻力（Penetration Resistance）、颗粒有机物（Particulate Organic Matter）、总有机质（Total Organic Matter）以及团聚体稳定性（Aggregate Stability）等（Imaz et al.，2010）。这些敏感指标与土壤持水性、土壤微生物活性、土壤有机质分布呈显著正相关，而免耕模式下这些指标皆高于传统耕作模式。研究表明，0~20 cm

黏壤土层的水稳性团聚体百分比含量在传统耕作下为27.8%，而免耕模式下则为45.9%（Javurek and Vach，2009）。

在免耕模式下垂直导向的土壤结构性改善，主要归因于无脊椎生物的增加（蚯蚓等）、土壤团聚体的形成、老的植物根系通道的稳定性，以及自然的土壤活性（黏性土壤蒙脱石结构的收缩与膨胀）。垂直导向的土壤大孔隙（30～300 μm）增加又进一步引起了土壤透气性和透水性的改善（Vogeler et al.，2009）。这些累积的效应通常需要最少3年的时间来达到并稳定，这就导致通常情况下，初期第一年或第二年的试验结果可能不尽如人意。免耕模式下，土壤表层总有机碳的累积是与表层土当中的总氮含量相匹配的。在地中海地区的长期免耕试验结果表明，表层土壤的有机质以及土壤生物化学指标显著改善且呈层理性分布（Madejon et al.，2009）。

土壤的一些结构性质在免耕施用后会发生相应的变化（容重、土壤强度等），然而这些指标并没有被彻底改善，因为这将是一个3～5年的长时间过程。德国黄土土壤的研究表明，免耕施用后0～30 cm土层的有机碳含量在8～10年的过程中持续增加并最终达到一个最大值（Ehlers and Claupein，1994）。Munkholm等（2003）的研究发现，在丹麦的沙质土壤第一个试验年，4 cm土层下的土壤容重和穿透阻力在免耕模式下显著高于传统耕作；第二个试验年进一步增加，到第三个试验年，这种差异维持在一个稳定的水平。免耕模式下最初的容重增加可能在后续的时间里，逐渐降至与传统耕作相等甚至是低于传统耕作的水平（Vogeler et al.，2009）。

免耕模式对于土壤酸度的影响已经被广泛报道，通常情况下，免耕模式对表层土壤酸度的增加主要归因于含氨化肥硝化产生的酸化作用以及植物残渣的分解作用。在挪威排水性良好的壤土中，0～5 cm的表层土壤在连续13年免耕后，土壤pH值为6.25，而传统耕作为6.48。而利用撒石灰来修正这一变化预计每年每公顷需要130 kg CaO（Ekeberg and Riley，1997）。土壤酸度如此增加，在效果上等同于降低了作物对于土壤有效性N、P、K的吸收。土壤pH值的降低也有可能发生在碱性土壤中，例如在6年连续免耕措施的始成土中，0～10 cm表层土壤的pH值由8.1降至7.5（Carvalho and Basch，1995）。

通过初期建立过程，土壤垂直导向的结构性、稳定的无脊椎生物活动，以及植物根系通道的建立，免耕模式下土壤渗透系数得以逐渐增加。德国粉沙壤土在经历8年连续免耕作业后，对土壤导水率的测定发现，免耕措施下土壤导水率显著高于传统耕作模式（Vogeler et al.，2009）。在高降水量时期，免耕模式下向下运动的水量增大，而径流减少可能造成地下水位增高以及氧浓度低于传统耕作（Basch and Carvalho，1997）。

德国的一项在粉沙壤土连续6年的免耕试验表明，免耕和传统耕作施用下的土壤保水性差异非常小，作物产量也是几乎相同的（Vogeler et al.，2009）。尽管如此，在半干旱气候的西班牙东北部免耕下的大麦产量（2 000 kg/hm²）远远高于传统耕作（1 000 kg/hm²）（Fernandez-Ugalde et al.，2009a，b）。这是由于免耕模式在干旱季节增加了作物的有效水分含量（保持−1 500～−33 kPa），植物在0～5 cm、5～15 cm、15～30 cm土层可利用的有效水分依次分别为：11.7 m³/100 m³、18.1 m³/100 m³、26.6 m³/100 m³（免耕模式）；7.9 m³/100 m³、14.8 m³/100 m³、20.9 m³/100 m³（传统耕作模式）。

保护性耕作影响着土壤微生物的生存环境、活性、酶的浓度。Brito等（2006）指出在地中海气候条件下，免耕模式下小麦根系真菌菌根高出传统耕作6倍。Javurek等（2006）研究了10年免耕和传统耕作模式下，土壤微生物量、细菌数量、固氮菌、脱氢酶、脲酶、转化酶以及易氧化有机碳含量变化。其中免耕措施下粉沙壤土中的微生物量、β-葡萄糖苷酶活性、脲酶活性都显著高于传统耕作。土壤呼吸速率也是衡量耕作措施下微生物活性的重要指标之一（Ball et al.，1998）。在免耕模式的浅层土壤中，往往具有较高的微生物活性，这与该层中的高土壤有机碳（SOC）含量密切相关，而深层土壤中酶活性诱导因素主要为无脊椎生物诸如蚯蚓的生物活性。

1.2.3 保护性耕作对土壤有机碳累积和矿化的影响

土壤对碳的固定对于环境生态系统中的碳素平衡起着十分重要的作用（Lal，2007）。《京都议定书》中关于促进土壤对碳素固定的美好期许也说明了这点（Wereszczaka et al.，2009）。因此保护性耕作对土壤碳素的固定机制，以及对应影响因子的研究就显得十分必要。长期耕作对土壤CO_2排放的影响虽然还没有一致的定论，但是之前的研究明确了免耕模式下0～30 cm土层中的SOC含量显著高于传统耕作，而且有机碳主要集中分布在0～15 cm土层中，这种有机碳的分层分布主要显著表现在免耕模式实施的初期3年之内（Yang et al.，

2008）。Tebrugge（2001）通过对加拿大、德国、意大利、西班牙及葡萄牙的长期定位实验数据分析发现，免耕模式可以产生额外的有机碳累积，相对于传统耕作分别高出 1 100 kg/（hm^2·a），1 500 kg/（hm^2·a），800 kg/（hm^2·a），800 kg/（hm^2·a）以及 1 000 kg/（hm^2·a）。相似地，法国的 32 年长期定位试验结果表明，0～28 cm 土壤有机碳储量在免耕模式下为 5.2×10^6 g C/（hm^2·a），传统耕作下为 162 kg C/（hm^2·a）（Oorts et al.，2007）。在半干旱气候的西班牙北部地区，10 年长期免耕模式下 0～30 cm 土层的有机碳含量比传统耕作高出 25%（Sombrero and de Benito，2010）。

一项针对 67 个长期试验的全球统计，涉及 276 个配对的免耕和传统耕作模式，结果表明，在 0～30 cm 或者更浅的土层，免耕模式相对传统耕作平均增加了 570 kg C/（hm^2·a）（West and Post，2002）。一般情况下，这些初期的结果印证了一个假设：免耕模式相比传统耕作可以更加有效地累积土壤中的碳素，缓和了土壤中 CO_2 的排放（Spargo et al.，2008）。然而近些年的研究结果表明这一推论并不是普遍正确，而且可能是无效的，这是因为不同的土壤类型、气候条件、作物生产体系、免耕及传统耕作的持续时间、采样深度（40 cm、60 cm 或 1 m）（Lal，2009）。采样深度在 0～30 cm 会导致对土壤碳固定的过高估计，因为耕作后相当大的碳固定在 30 cm 以下的土层。Luo 等（2010）发现，在 69 个配对耕作试验中（大部分在北美），在 0～10 cm 土层免耕模式增加了 3.15 t C/hm^2，然而在 20～30 cm 和 30～40 cm 土层却降低了 2.40 t C/hm^2 和 0.90 t C/hm^2，在 40 cm 以下土层差异并不显著。免耕并不是增加了全部土壤的碳固定，传统耕作也可能会有利于作物根系向深处发展。因此，免耕模式下碳固定的完整机制建立就显得尤为必要。

免耕模式下，表层土壤的碳固定速率会随着 SOC 的新平衡，在 5～10 年时达到峰值（West and Post，2002）。Bhogal 等（2007）指出随着新的碳素平衡的产生，免耕促进碳固定的潜能会在 20 年后逐渐衰减。这些免耕相对于传统耕作还没有被完全解释的结果表明，针对不同土壤类型、作物种类、气候条件需要被进一步地研究，才能总结出一个一般性的结论。不应当被忽视的是，免耕模式下表层土壤中碳素层理性的分布，会产生很多对土壤质量改善的有益作用，即使在整个土壤剖面看来碳素的增加是较小的或是不显著的。

土壤 CO_2 的排放可以归因于若干不同的过程，短期的包括耕作之后的立即释放，也包括作物主要生育期土壤的排放过程。不同耕作措施下土壤CO_2的排放也由这些短期或长期的过程构成（Oorts et al.，2007b）。短期过程的CO_2的排放主要是由于土壤以及作物残渣的机械性破坏。长期过程的CO_2的排放由多年土壤质量改变的作用影响，这些因素包括温度、降水、水分含量、土壤有机质、作物残渣等。传统耕作在短期的耕作土壤扰动作用下，CO_2会有一个显著的排放过程，而在长期的过程中，不同耕作措施下CO_2排放差异不大（Vinten et al.，2002；Chatskikh and Olesen，2007）。Lopez-Garrido等（2009）研究指出，在西班牙西南部气候条件下，耕作扰动使得CO_2排放急剧增加；整年的CO_2累积排放量在传统耕作下显著高于免耕条件。与此同时，耕作活动会在作物整个生育期产生微生物的聚集效应，从而使得传统耕作相对于免耕有20%的CO_2排放增幅。这种聚集效应的产生归因于耕作条件下更强的根呼吸作用，尤其是在温暖的季节（Almaraz et al.，2009）。

然而在某些条件下，也会观测到在免耕下CO_2排放反而高于传统耕作的情况。例如法国北部地区的331 d CO_2排放试验指出，长期免耕与传统同耕作的CO_2排放量分别为4 064 kg CO_2-C/hm^{2}和3 160 kg CO_2-C/hm^2（Oorts et al.，2007b）。这种免耕条件下更高的CO_2排放被归因于土表过去的已经风化的作物残渣在高温条件下的降解作用。也有一些研究表明，不同耕作下的CO_2排放是多变的，例如芬兰的Regina和Alakukku（2010）的研究表明，在6个观测地点中，有2个地点免耕条件下相对于传统耕作有更高的CO_2排放，3个观测点没有差异，而CO_2排放量都与土壤总有机碳、总氮、碱解氮有很强的相关性。因此，不同耕作下CO_2排放没有一个如一的定论，这与地域的土壤含水量、气候、有机质的类型和含量、层理分布紧密相关。对于耕作和其他条件下对土壤CO_2排放的影响还需要进一步研究讨论。

1.2.4 秸秆碳添加对土壤有机碳库和土壤结构、理化性质的影响

土壤不同粒级团聚体的含量分布，构成了不同的土壤结构，是调节土壤质量、理化性质、微生物活性、土壤有机碳分布的重要途径。大部分的研究表明，秸秆碳的添加有助于土壤结构的逐渐改善，尤其是有利于>0.25 mm的土壤大颗粒团聚体百分比含量的增加。研究发现，在土壤中添加小麦或者玉米秸秆，90 d后土壤中黏粒的分散性逐渐减小，土壤的整体结构最终稳定（李小刚，2002）。

在无机肥与秸秆配施的条件下，土壤黏粒分散性的改变幅度更大（许绣云，1996）。相对于不加秸秆的对照处理，当被水浸泡后，秸秆碳输入的处理更难被碎散掉。这是由于一方面有机物的增加，提高了土壤颗粒的疏水性；另一方面，秸秆碳的添加加强了土壤中微生物代谢形成的腐殖酸，与土壤颗粒通过Ca、Mg等元素的黏结性，从而形成了大量的水稳性团聚体。研究表明，在秸秆处理下，土壤>0.25 mm的大颗粒水稳性团聚体含量约为64%，而对照则为60%；>2 mm的大颗粒水稳性团聚体为15%，对照为8%（汪炎炳，1991）。

秸秆碳的输入有助于土壤容重的降低和土壤孔隙度的增加。李新举的研究表明，无论秸秆是在表层覆盖或者翻耕进土壤中，都一定程度地降低了土壤容重，增加土壤孔隙度。在3年的连续秸秆覆盖大田试验下，表层土壤容重下降了2%，土壤孔隙度增幅为3%（周凌云，1996）。秸秆适量还田对于土壤含水量、蓄水能力也有一定的改善作用。玉米秸秆还田条件下，土壤不同土层的含水量都明显增加（曲学勇，2009）。这主要归因于秸秆还田降低了地表温度，减少了蒸腾作用；另外，秸秆输入阻碍了土壤毛细管之间的连接。秸秆在土壤较深土层覆盖可以有效减少3%左右的土壤水分蒸散量，这对于土壤整体的保墒具有重要作用。

土壤有机碳的含量与土壤整体质量的改善有着显著的正相关。许多研究都表明，秸秆碳的输入对土壤有机质的增加有促进作用。这是由于秸秆碳的输入，增强了土壤中微生物的活性，外源有机质不断被分解，新的腐殖质不断产生，从而使得土壤团聚体结构增多，而大颗粒团聚体往往包含有很高的有机碳含量，这对土壤肥力的改善有重要的作用。相比对照，秸秆碳输入处理下，土壤平均有机碳含量增加了14%，表层土壤碳密度增加了10%左右（段华平等，2009）。

土壤的外源秸秆碳输入或多年连续输入对土壤质量也存在着很多不利影响。秸秆碳输入增加了土壤N_2O的排放，这与秸秆添加后，土壤微生物活性增强有关（马二登等，2007）。也有研究认为，秸秆碳的输入增强了氮的反硝化作用，使得秸秆处理下N_2O的排放高于无秸秆输入处理（邹国元等，2001）。玉米秸秆降解时间较长，连续多年的玉米秸秆还田，会造成秸秆输入过量，无法被完全分解，而老的秸秆残渣代谢使得土壤颗粒逐渐聚合成大的颗粒团聚体，从而导致土壤孔隙变大，降雨和水分直接向下流失，养分对于作物的有效性降低。如果在作物生长初期，则有可能因为土壤通气性过大造成死苗、黄苗现象。

　　前人的研究大部分围绕少量或者适量的玉米或者小麦秸秆输入，对土壤质量、有机碳矿化以及作物产量的影响。而秸秆碳和秸秆残渣过量在土壤中蓄积对土壤微生物活性、土壤水稳性团聚体分布、作物不同生育期生长情况还缺乏系统的试验研究。同时，我国每年大量的秸秆资源闲置，对农业经济可持续发展也造成了极大的阻碍，探讨农业废弃物的无害化与有效利用也是近年来的研究热点之一。

1.2.5　影响生物质炭特性与适用的因素

　　生物质炭是在少氧条件下，将植物生物量在高温热解下而得到的，具有高度的稳定性，根据不同的目的被应用到土壤当中。生物质炭具有一定的特性，通常情况下，生物质炭含有丰富而且稳定的芳香族有机碳，相对于其热解原料，即使在有利的环境和生物条件下，也很难被分解为CO_2排放到大气中，而是长期保存在土壤当中。生物质炭自身的特性以及它们对微生物群落变化的影响，主要取决于热解条件与热解材料的性质（Pietikainen et al.，2000；Das et al.，2008；Sohi et al.，2010）。更加重要的是，生物质炭原材料的性质也间接地影响了生物质炭添加后土壤的微生物活性。原材料中的木质素含量越大，对应的生物质炭产品中芳香族碳含量以及C∶N越高，而生物质炭的矿化速率就越小。Hilscher等（2009）研究发现，相同热解条件下，黑麦草生物质炭48 d的矿化速率（2.0%~3.5%）远高于松木生物质炭（0.2%~0.4%）。

　　热解温度对于生物质炭的pH值、土壤阳离子交换量（CEC）、OC（有机碳）含量、O∶C、孔性、比表面积以及微生物群落数都有显著的影响（Pietikainen et al.，2000；Lehmann，2007）。一般而言，热解温度的增加可以有效地降低生物群落的衰退（Zimmerman，2010；Singh et al.，2012）。在250 ℃热解温度下制得的橡树生物质炭碳素半衰期为840年，而650 ℃下碳素半衰期则为4.0×10^7年（Zimmerman，2010）。Spokas（2010）指出，O∶C是衡量生物质炭稳定性的重要指标，其随着热解温度的不断增加，O∶C逐渐降低，与生物质炭的稳定性呈负相关。

　　生物质炭中的不稳定物质也随着热解温度的增加而降低，低热解温度制成的生物质炭不稳定有机质的含量很大，当添加到土壤当中时便呈现出很高的矿化速率（Cross and Sohi，2011；Ameloot et al.，2013）。除此之外，生物质炭结构的不均匀性也随着热解温度的增加而降低（Ascough et al.，2010）。高热解温度下制成的生物质炭相对于低温热解的生物质炭，也含有更多的不利于微生物生长繁殖的有害物质。生物质炭热解时间的长短，也直接影响后期添加到土壤中时微生物的活性。长热解时间制备的生物质炭，自身易分解有机质含量低，更难被微生物降解（Bruun et al.，2012）。

生物质炭的颗粒大小也影响着微生物的活性变化。Zimmerman（2010）指出，小颗粒生物质炭（<0.25 mm）的矿化速率是大颗粒生物质炭（>0.25 mm）的1.5倍，尽管二者具有相似的N_2-BET比表面积。这表明生物质炭颗粒内部的比表面积大小是微生物降解的控制因素之一。关于土壤添加生物质炭后，生物质炭颗粒如何分解，以及它们外部和内部的表面积如何变化，是解释微生物对生物质炭响应机理的关键途径。

1.2.6 生物质炭输入对土壤微生物活性的影响

当评估生物质炭在土壤中稳定性大小时，其本身的物理化学特性对土壤微生物直接或间接的作用机理研究就显得十分必要。之前的研究表明，由于生物质炭本身的惰性与稳定性，使其不能作为微生物直接利用的碳源或能量来源（Baldock and Smernik，2002；Lehmann，2007）。然而生物质炭对微生物的同化富集作用也已经被研究发现，从而影响对碳的固定作用。生物质炭提供了微生物生长的有利条件，这包括一些间接的物理化学作用，例如充足的反应表面积、孔径的诱发效应、土壤强度改变、容重、土壤持水性、pH值（Lehmann et al.，2011）。同时这些直接或间接的作用也被很多因子影响，例如生物质炭制备与施用的条件、与土壤原始碳库的相互作用、植被覆盖、土壤性状、农业管理模式等。

生物质炭包含的有机碳对于微生量的增加一般采用碳标记的熏蒸方法测定（Bruun et al.，2008；Kuzyakov et al.，2009），然而值得注意的是，生物质炭中有少部分的有机碳在熏蒸的过程中会被溶解（0.2%~0.3%）。通过624 d的培养实验，生物质炭对于微生物量的增加仅有1.5%~2.6%，由此可以看出，生物质炭作为微生物代谢能源在长时间培养过程中逐渐地衰退（Kuzyakov et al.，2009）。酶的产生对生物质炭中芳香族结构的降解也起到了重要作用，主要包括锰过氧化物酶、酚酶、木质素氧化酶、过氧化氢酶等（Hockaday，2006；

Atkinson et al., 2010）。一部分真菌有能力将生物质炭作为自己的碳源利用，或者说是可以代谢生物质炭有机质（Hamer et al., 2004；Wengel et al., 2006）。值得注意的是，生物质炭并不是生物学惰性物质，一些水平上的微生物降解作用也是能够发生的。菌根、菌丝、多糖的分泌使得生物质炭促进了稳态有机质团聚体的形成，也对土壤有机质起到了物理性的保护作用，然而对这一假设的确认还需要更多关于生物质炭的研究来探明（Rillig and Mummey, 2006）。

随着植物细胞壁的均化作用，以及胞间质的消失，热解过程直接改变了生物量的微观和宏观结构，在脱羟基作用下，释放出了更多的水分子，生物质炭的孔性结构增大，内部的比表面积显著提高（Chan et al., 2008）。内部比表面积的大小变化幅度从几十到400 m²/g不等，取决于生物质炭的制备材料与热解温度的大小。生物质炭的多孔性结构也为微生物的繁殖提供了有利条件，避免了环境的水分含量过低以及一些掠夺性土壤动物对于微生物的损害（Warnock et al., 2007）。值得注意的是，生物质炭的孔径大小（nm）远远小于最小的土壤有机物孔径（μm）。当生物质炭具有大量龟裂的缝隙时，真菌便可以快速地在其表面繁殖渗透（Ascough et al., 2010）。

1.2.7 生物质炭对土壤有机碳及其他理化性质的影响

生物质炭表面具有大量的官能团富集，从而具有对易降解的有机物组分、NH^{4+}，以及溶解性有机碳（DOC）产生吸附作用（Asada et al., 2006）。对于有些组分吸附作用也与生物质炭添加后土壤阳离子交换量（CEC）有关（Silber et al., 2010）。土壤CEC主要地控制着无机化肥或有机肥添加后带正电荷的铵根离子流动，以及有利环境条件下土壤有机质的迅速矿化作用。在气候条件较好的质地黏重的土壤中1/3的CEC来自有机质（Stevenson, 1982）。生物质炭自身特殊的CEC往往高于整个土壤、黏粒矿物、土壤有机质，导致生物质炭成为强大的吸附媒介。一些生物质炭的添加，使得土壤初始CEC增加了10% ~ 100%，CEC增加的幅度取决于土壤和生物质炭类型以及试验条件（Steiner et al., 2008；van Zwieten et al., 2010）。Hale等（2011）的研究指出，生物质炭CEC随着时间逐渐增加，与其芳香族化合物的氧化作用以及羧基结构的产生有关。

生物质炭由于其表面的负电荷，施入土壤后对土壤pH值的增加起到了诱导作用，这也对酸性土壤中为生物活性的改善起到了积极的作用（van Zwieten et al.，2010）。除此之外，生物质炭的添加，也改变了土壤的其他理化性质，例如增加土壤有机碳和Ca含量、增大土壤pH值，从而降低了交换型Al在土壤中的含量（Chan et al.，2008；Van Zwieten et al.，2010）。另一个不容忽视的土壤理化性质改变便是土壤持水性（WHC）的增强（Jeffery et al.，2011）。然而当生物质炭持水力饱和时，会呈现出缺氧状态。一些研究表明，热解温度与生物质炭热解温度之间存在显著正相关（Spokas，2010；Zimmerman，2010），与碳矿化速率呈显著负相关。可以推断在高热解温度制备的生物质炭具有更高的盐含量、碱性更强、更多的有害物质。

生物质炭添加对于初始土壤有机质含量（SOM）较低的土壤，微生物量及呼吸作用可呈对数增长（Cross and Sohi，2011）。这种增长主要归因于生物质炭添加后相当巨大的微生物群落增长，以及不稳定的有机物质增加，使土壤细菌更好地适应贫瘠的土壤营养环境（Kolb et al.，2009）。在有机质含量较高的土壤，生物质炭添加对微生物量增加幅度相对于贫瘠土壤较小，这与土壤初始的微生物量含量有关。对于休耕一年的土壤，生物质炭添加后，生物质炭中所包含的碳素的呼吸作用高于耕作土壤和草地土壤（Cross and Sohi，2011）。

土壤中有机物质与土壤初始SOM的矿化作用，可能被生物质炭的添加激发或抑制（Keith et al.，2011；Luo et al.，2011；Zimmerman et al.，2011）。其中激发效应是由于生物质炭表面对有机组分的吸附作用，从而吸引更多的微生物在表面富集与繁殖，这些作用引起的微生物量增加和碳素损失（Kolb et al.，2009）。不稳定组分含量较高的生物质炭在施入土壤的第一个月，呈现出对土壤初始有机质更高的矿化作用、微生物量增幅（Zimmerman et al.，2011），而在后期阶段则表现出对土壤有机质矿化的抑制作用。当施入的生物质炭微孔结构较多或比表面积高于200 m^2/g，就会对土壤有机质的矿化作用产生抑制作用。有机组分中的可溶性物质会被吸附进生物质炭颗粒的微孔结构中，从而更难被进一步矿化，这是由于这些微孔过小阻止了微生物的进入（Hilscher et al.，2009）。因此，土壤初始的有机质的矿化在生物质炭添加后，存在被激发和被抑制的双向可能。

生物质炭与土壤有机质之间的交互激发效应可能通过两种途径产生：易降解组分的添加、不稳定有机质的产生，促进了生物质炭在土壤中的降解（Keith et al.，2011；Luo et al.，2011）。土壤有机质与生物质炭之间的激发效应也被称为"共代谢作用"或"协同代谢作用"。微生物酶对生物质炭其他一些组分的降解，也促进了土壤有机质与生物质炭之间的共代谢作用（Kuzyakov et al.，2009）。这是由于微生物对于生物质炭添加后土壤环境良好的适应性导致，因为生物质炭为微生代谢提供了充足的碳源（Hamer et al.，2004）。Hamer 等（2004）研究表明，易分解有机质组分的添加促进了土壤中生物质炭的降解，这种现象主要在有机质添加的一天后即可观察到。

也有研究认为，就像有机质会被吸附在土壤黏粒表面一样，生物质炭颗粒也会被吸附绑定在黏粒表面，从而降低了土壤微生物对生物质炭的生物降解作用（Chenu and Plante，2006）。尽管生物质炭与其他有机质与土壤的交互作用已经被对比研究，然而土壤质地、土壤黏粒含量对于生物质炭添加后的土壤生物学反应的影响还没有被评估。

1.2.8　生物质炭对作物生长的影响

生物质炭中含有一定量的灰分，这些物质不同于未热解的材料，往往以可溶解态或不稳定态存在。生物质炭对土壤速效养分的间接作用，例如速效磷、铵根离子、钾，是解释生物质炭添加后对作物短期效应的重要途径（Lehmann，2007；Steiner et al.，2007）。然而，目前还没有系统的研究工作探明不同生物质炭添加量，当中所包含的营养元素对于作物的有效性。

生物质炭的添加刺激了土壤中的真菌菌根的繁殖，而这种刺激作用与作物生长的促进紧密相关（Rondon et al.，2007）。生物质炭所包含的官能团与微生物活性之间的交互作用或动态平衡，促进了土壤中有机碳与速效养分的累积，从而为作物生长提供了有利环境。Warnock 等（2007）指出养分有效性、土壤持水性、CEC 的变化，是这种生物质炭促进作物生长作用的重要解释机理。Kimetu 等（2008）指出，在林地植被被清除后，生物质炭的添加维护着农作物产量的增加，这也一部分归因于生物质炭添加后，土壤有效养分含量的累积与增加。半干旱气候条件下的澳大利亚地区土壤，在生物质炭与无机肥交互作用下，产量显著提高，而对照处理则产量急剧下降（Chan et al.，2007）。这表明肥料管理措施以及土壤自身的养分条件，决定了作物对于生物质炭添加的响应情况。Asai 等（2009）研究发现，只有当生物质炭与无机肥混施的情况下，第一季作物的产量才有所增加，即使是对于一个低产量的作物品种。然而，也有一些研究表明，生物质炭添加对于作物产量没有显著影响。例如在澳大利亚低生物质炭添加量条件下的小麦产量（Blackwell et al.，2007）。有盆栽试验表明，生物质炭添加下，萝卜产量的提高与氮摄取量有关（Chan et al.，2007，2008）。生物质炭对于作物速效氮的固定作用，归因于生物质炭不稳定组分的矿化，高C∶N组分氮素向微生物量的转移，铵的吸附作用，以及小孔径对土壤溶液的固定作用。

近些年来，生物质炭对作物生长的影响，大部分关注于低的生物质炭添加量（0.5 t/hm²）以及对不同的作物种类的影响等。到目前为止，很多研究都是在模拟类似大田环境下，短期生物质炭添加对主要的谷物作物生物量和产量的影响（Rondon et al.，2007；Steiner et al.，2007；Yamato et al.，2006）。通常情况，这些研究中所用的生物质炭来自商业生产、特定条件下热解、模仿山火条件下各种木材的热解，以及短期轮作的林地植物材料。在这些试验中，生物质炭一般都是在300～450 ℃下热解得到，这也是一般传统工艺的条件，产出的生物质炭都具碱性。但是鉴于生物质炭自身所具有的有害成分，土壤高生物质炭添加量对作物产量，以及作物不同生育期生长情况的影响还有待试验研究。

1.3 存在的问题

1.3.1 不同保护性耕作模式对关中土壤结构、土壤有机碳、作物生长影响缺乏对比研究

不同的保护性耕作措施，由于土壤质地等因素的影响，对于区域土壤有机碳动态累积，不同活性有机碳组分分布变化，以及作物产量的影响也不尽相同。土壤不同颗粒大小团聚体中包含的有机碳含量、不同活性有机碳含量，与土壤整体土壤有机碳的动态变化和作物生长状况紧密相关。不同保护性耕作模式，由于耕作深度与耕作强度不同，对于土壤结构的影响也不尽相同。目前存在的问题是，很多学者都是针对单一的耕作模式，或是耕作与其他外源有机质配合条件下，土壤理化性质的变化情况进行研究。针对关中地区存在的不同耕作方式对土壤结构、土壤有机碳活性变化以及作物生长情况还缺乏系统的研究，导致对不同耕作模式下得出不一致的研究结果，无法做出合理的解释。

因此，选择不同耕作模式与秸秆粉碎还田相配合的模式，对土壤有机碳活

性、累计，以及土壤结构和作物生长的变化进行深入研究，以期为土壤在不同保护性耕作模式下土壤理化性状、结构及作物有效性研究方面，提供理论支持，也为该区域提供合理的耕作体系指导。

1.3.2 生物质炭与土壤大颗粒团聚体和小颗粒团聚体相互作用情况的争论

从目前的研究来看，生物质炭输入土壤后，由于其表面具有的特殊理化性质（CEC、巨大比表面积、pH值、芳香族物质等），可以如同土壤黏粒一样吸附微生物，促进土壤团聚体的形成。然而，生物质炭对不同颗粒大小团聚体的促进作用存在着两种不同的观点。一部分学者认为，生物质炭施入土壤后主要与土壤大颗粒团聚体（>0.25 mm）作用，从而促进了土壤团聚体的产生；另一部分学者认为，生物质炭是通过与土壤小颗粒团聚体（<0.25 mm）的相互作用进而影响土壤结构的变化。

本次研究中，通过对生物质炭添加后，不同时期的土壤有机碳动态变化、水稳性团聚体的分布测定，以及对不同粒级大小土壤团聚体电镜扫描的方法，以期探明土壤不同颗粒大小团聚体与生物质炭的相互作用情况，为研究生物质炭对土壤结构影响研究方面提供科学理论支持。

1.3.3 生物质炭与秸秆碳的大添加量（等碳量情况），对土壤性状和作物生长影响的机理研究尚不明确

不同材料类型的秸秆在土壤中的降解时间也不尽相同，降解时间较长的秸秆，连续多年施用还田措施后，土壤中秸秆含量累积过多，会对土壤结构和质量产生不利影响，甚至会引起作物死苗、黄苗的现象。生物质炭材料随着制备过程中热解温度的升高，自身所包含的有害物质也会越多，碱性越强。而以往外源碳添加（生物质炭、秸秆碳）对土壤性状影响的研究中，大部分都采取较低的添加水平，较高添加量对于土壤结构、微生物活性及作物不同生育期生长发育的影响还缺乏系统的机理研究。因此，本研究将通过对不同外源碳（生物质炭、秸秆碳）等碳量添加后，土壤在不同时期、不同活性有机碳的动态变化、微生物活性、土壤官能团、土壤结构、有机碳矿化动态（双碳库模型）及作物在各个生育

期的生长情况进行测定，探明生物质炭和秸秆碳添加对土壤性状和对作物生长发育的作用机理，也为该区域过剩农业垃圾的无害化循环利用提供科学理论支持。

1.4 研究的切入点

本研究通过对不同保护性耕作措施下，土壤水稳性团聚体、团聚体中不同组分活性有机碳、颗粒有机碳、土壤有机碳储量、作物产量的测定，阐明耕作措施对土壤有机碳累积，土壤结构和作物生长的作用机理，寻找不同耕作体系下土壤不同活性碳库与结构体之间的相关性。不同外源碳（生物质炭、秸秆碳）添加条件下，通过对土壤水稳性团聚体（WSA）、酶活性及酶动力学、土壤官能团（傅立叶红外）、生物质炭与WSA结合状态（电镜扫描）、有机碳库（MBC、DOC、OOC、SOC）、作物生长（各生育期光合作用、叶绿素指标、作物产量）等指标的分析，探讨生物质炭和秸秆碳添加对土壤性状和对作物生长发育的作用机理。通过210 d的室内培养试验，利用双碳库模型，研究不同外源碳在土壤中动态的矿化情况。

2 研究内容与研究方法

2.1 研究内容

2.1.1 不同耕作模式下，土壤结构、结构体中活性有机碳分布、有机碳储量和作物产量

通过田间定位试验，研究深松、旋耕、免耕、传统耕作及秸秆还田模式下，土壤水稳性团聚体、不同颗粒大小团聚体中所含颗粒有机碳、易氧化有机碳、活性有机碳含量的变化情况，进而探讨耕作管理模式和秸秆还田措施对土壤结构、活性碳库储量、作物生长等的影响。

2.1.2 不同外源碳（生物质炭、秸秆碳）等碳量输入下，土壤结构及WSA-C、活性有机碳分布、生物质炭与不同颗粒大小WSA相互作用机理

通过盆栽试验，在不同外源碳（生物质炭、秸秆碳）等碳量输入下，研究土壤不同粒级土壤团聚体及WSA-C的分布、活性、氧化稳定性情况，揭示生物质炭和秸秆碳输入对土壤结构体及所包裹的有机碳分布的影响，探明生物质炭和秸秆碳对土壤结构改善效果；利用电镜扫描，阐明生物质炭与土壤不同颗粒大小水稳性团聚体的作用机理。

2.1.3 生物质炭和秸秆碳处理下土壤有机碳官能团的光谱学性质

通过对作物不同生育期阶段，土壤有机碳官能团的红外光谱特性研究，揭示在外源碳（生物质炭、秸秆碳）输入下，有机碳官能团在$400 \sim 4\,000 \text{ cm}^{-1}$波段

的吸收峰，尤其是含碳、氧光能团的变化情况，从而探明在生物质炭和秸秆碳作用下，土壤有机碳的组成及化学稳定性的动态变化规律。

2.1.4 生物质炭、小麦秸秆腐解过程中土壤有机碳的动态变化及模型建立

通过室内培养试验，研究不同培养时间段，土壤样品的有机碳矿化（二氧化碳释放特征）情况，并使用双碳库指数模型（Martín et al.，2012）对CO_2累积释放、释放速率进行表征，探讨不同外源碳输入对土壤有机碳库矿化的影响。

2.1.5 生物质炭和秸秆碳输入下，土壤酶活性及酶的动力学特征

通过盆栽培养试验，研究不同生育期土壤中过氧化氢酶、转化酶和脲酶活性，以及作物收获前期转化酶和脲酶的酶动力学变化，揭示生物质炭和秸秆碳输入对土壤酶活及土壤酶动力学特征量（米氏方程拟合）的变化情况，探明生物质炭和秸秆碳对土壤酶及微生物的作用规律。

2.1.6 生物质炭和秸秆碳输入下，小麦各生育期的生长状况

通过对作物各生育期叶绿素（绿色度）、光合作用及收获期产量的测定，研究生物质炭和秸秆碳作用下，作物不同生育阶段的生长情况，揭示生物质炭和秸秆碳条件下的作物有效性。

2.1.7 技术路线

本研究通过不同耕作措施与秸秆还田配合的大田试验、生物质炭与秸秆碳输入的小麦盆栽试验，以及不同外源碳的210 d培养室内试验，研究不同耕作措施及外源碳输入对土壤结构、土壤官能团、微生物活性、作物生长发育等性质的影响，以期为该区域提供科学的耕作模式理论指导及农业垃圾的无害化循环利用提供有效途径。

2.2　材料与方法

2.2.1　大田试验过程中，不同耕作体系下土壤结构、有机碳活性组分及作物生长情况（图2-1）

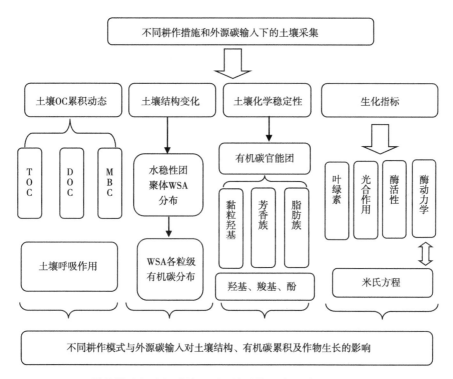

图2-1　不同耕作模式与外源碳输入对土壤结构、有机碳累积及作物生长的影响

试验始于2002年，数据收集于2013—2014年的小麦—玉米轮作体系。试验田各小区一年两熟作物为：冬小麦（hard white winter wheat，*Triticum aestivum* L.），夏玉米（yellow maize，*Zea mays* L.）。试验田面积为666.7 m²（33.3 m×20 m），小区间留有1 m缓冲行。

不同耕作体系条件在表2-1中详细列举。试验小麦季采取旋耕（RT）、深松（SS）、免耕（NT）3种模式及对应的秸秆还田、不还田处理（耕作深度：旋耕15 cm、深松30 cm）。玉米季采取免耕+秸秆还田模式（分别标记为：RT-NTs，RTs-NTs，SSs-NTs，SS-NTs，NTs-NTs，NT-NTs）。对照处理小麦季为传统耕作模式，玉米季为免耕模式（CT-NTs）。

表2-1 不同耕作模式体系建立

处理	耕作模式	耕作措施	
		小麦	玉米
旋耕 RT-NTs	旋耕模式	旋耕+播种 （间隔40 cm；深度15 cm）	
旋耕+秸秆 RTs-NTs		旋耕+秸秆粉碎还田+播种 （间隔40 cm；深度15 cm）；	
深松 SS-NTs	深松模式	深松+播种 （间隔40 cm；深度30 cm）；	小麦收获后， 免耕+播种+ 秸秆粉碎还田
深松+秸秆 SSs-NTs		深松+秸秆粉碎还田+播种 （间隔40 cm；深度30 cm）；	
免耕 NT-NTs	免耕模式	免耕+播种	
免耕+秸秆 NTs-NTs		免耕+秸秆粉碎还田+播种	
传统耕作 CT-NTs（对照）	传统耕作模式	作物残株去除→铧式犁（耕深20 cm）→旋耕（深度15 cm）→播种（无秸秆还田）	

注：在小麦季，玉米秸秆被联合收割机粉碎成细小颗粒并还田至土壤。在玉米季，35 cm长度秸秆被联合收割机粉碎还田。

不同耕作措施后，采用2BF-9联合播种机进行播种和平地，为苗床准备。在小麦播种前（玉米收获后），玉米秸秆被收割和粉碎成细小的颗粒，并混合进土壤中（8 000 kg/hm²）；12月中旬进行一次灌溉，灌溉量为525 m³/hm²。在玉米播种前（小麦收获后），约35 cm长小麦秸秆被留在大田土壤（7 500 kg/hm²）；6月中旬或7月末进行灌溉，灌溉量为525 m³/hm²。秸秆的还田量为作物产出的实际总量（10年平均），这也与该区域农业生产者的习惯还田量相同。试验为完全随机区组设计，包含7个处理，每个处理重复3次。

播种密度与肥料条件各个处理完全相同。冬季小麦播种量为135 kg/hm²；磷酸氢二铵和尿素在播种前施用，施用量为140 kg N/hm²和48 kg P/hm²；冬灌期间（分蘖期）尿素氮肥的施用量为70 kg N/hm²。夏玉米播种量为45 kg/hm²；在玉米抽叶期追施磷酸氢二铵化肥（36 kg N/hm²，48 kg P/hm²）。

2.2.1.1 试验区概况

关中平原位于渭河流域（黄河的黄土高原最大支流）的下游地区，试验地点为西北农林科技大学农作一站（北纬34°30′10.35″，东经108°06′89.04″）。该地区海拔525 m，半干旱气候。年平均气温13 ℃，蒸散量1 200 mm，年平均降水量550～650 mm。土壤系统分类：土垫旱耕—人为土（Eum-Orthic Anthrosols）（Li et al.，2010）。

土壤基本理化性质（0～30 cm）于试验开始前测定。土壤质地为黏壤（54 g/kg沙粒，680 g/kg粉粒，266 g/kg黏粒）。土壤容重1.32 g/cm³，SOC 7.25 g/kg，平均pH值为8.17，其他理化性质在表2-2、表2-3中列出。

表2-2 研究地点气候条件（2002年）

气候条件	数值
年均降水量（mm）	550～650
小麦生长季降水量（mm）	360～393
玉米生长季降水量（mm）	335～366
年平均温度（℃）	13
夏季均温（℃）	24.5～26.7
冬季均温（℃）	−2～−1

表2-3 研究地点土壤基本理化性质

土壤性状	数值
总氮（g N/kg）	0.89
碳氮比	8.15
有效磷（mg P/kg）	8.5
有效钾（mg K/kg）	160
容重（g/cm³）	1.32
CaCO₃（g/kg）	53

2.2.1.2 土壤样品采集与处理

2012年玉米收获后采集0～10 cm、10～20 cm、20～30 cm土层原状土样（铁锹挖取20～30 cm直径土块，手取无扰动心土），按照"S"形采样法取土。获得的无扰动原状土块装于木质盒子中，运回试验室并避免破碎。原状土块用手掰碎过5 mm筛，混匀并存储在4 ℃条件下等待进一步试验测定。

土壤不同粒级水稳性团聚体，采用Six等（2002a）的方法进行分级。分级包括WSA>2 mm、0.25～2 mm、0.05～0.25 mm、<0.05 mm 4个粒级。大颗粒团聚体和小颗粒团聚体以0.25 mm粒级来区分。湿筛时称取100 g风干原状土样，首先放于2 mm筛上并浸湿10 min，随后通过团聚体分析仪进行分级，分级频率为30 次/min，分级时间5 min。湿筛后，不同粒级团聚体收集并在50 ℃下烘干，称重。

土壤颗粒有机质（POM）采用Cambardella和Elliot（1992）的方法进行分离。称取已风干并过2 mm筛的原状土于5 g/L的六偏磷酸钠分散剂中分散（1:5，土壤/溶液），振荡15 h，获得的土壤悬液过53 µm筛，并在恒定水流下冲洗。筛上的颗粒有机物质（POM）50 ℃下烘干12 h，称重并收集用于进一步分析。

2.2.1.3 测定方法

土壤有机碳（SOC）采用重铬酸钾外加热氧化法测定（van Reeuwijk，1987），170～180 ℃下煮沸5 min，并用0.1 mol/L硫酸亚铁溶液滴定。

土壤水稳性团聚体和颗粒有机质中的易氧化有机碳（WSA-OOC、POM-OOC）采用Chan等（2001）的方法进行测定，称取1.5 g小于0.5 mm土样与10 mL 0.167 mol/L $K_2Cr_2O_7$、20 mL浓硫酸反应。过量的$K_2Cr_2O_7$用1.0 mol/L $FeSO_4$滴定。土样消耗的$K_2Cr_2O_7$的量用来计算样品中OOC的含量，其中1.0 mL的0.016 7 mol/L $K_2Cr_2O_7$氧化3 mg碳。

颗粒有机质中活性有机碳（POM-AOC）采用Blair等（1995）的方法测定，称取约含15 mg碳含量的土样于25 mL 33 mmol/L $KMnO_4$溶液中振荡1 h。离心，并在分光光度计565 nm下测定吸光度。AOC含量通过消耗的$KMnO_4$量计算。

单位面积的土壤有机碳储量（SOC stocks）以等质量土壤中，表土和亚表层土壤中SOC储量之和来计算（Ellert and Bettany，1995）。

$$M_{SOC} = \text{conc} \times \rho_b \times (T_{\text{suif}} + T_{\text{add}}) \times 10\,000 \times 0.001 \qquad (2-1)$$

$$T_{\text{add}} = \frac{(M_{\text{soil, equiv}} - M_{\text{soil, surf}}) \times 0.000\,1}{\rho_{b\,\text{subsurface}}} \qquad (2-2)$$

式中，

M_{SOC}为SOC储量（mg/hm^2）；

conc为SOC浓度（kg/mg）；

ρ_b为表层土壤容重（mg/m^3）；

T_{surf}为亚表土层厚度（m）；

T_{add}为亚表土层土壤需要达到等质量表层土壤质量所需的土壤深度（m）；

$M_{\text{soil.equiv}}$为等重土重（mg/hm^2）；

$M_{\text{soil, surf}}$为表层土重（mg/hm^2）；

$\rho_{b\,\text{subsurface}}$为亚表土层容重（mg/m^3）。

作物产量（grain yield）（13.5%谷物含水量）为风干小麦与风干玉米产量之和。

各处理0~10 cm、10~20 cm、20~30 cm 3个土层容重采用环刀法测定，0~30 cm土壤容重由加权平均值计算。

$$\rho_{0\sim30} = (h_1 \cdot \rho_1 + h_2 \cdot \rho_2 + h_3 \cdot \rho_3) / (h_1 + h_2 + h_3) \qquad (2-3)$$

式中，

h表示土层的厚度；ρ为对应的土壤容重；

1、2、3依次代表0~10 cm、10~20 cm、20~30 cm土层。

水分利用效率测定过程，采用雨量计来测定作物生长季过程中的降水量情况。其中，灌溉量则由田间水表直接记录获得。在小麦播种、收获时期，采集不同土壤深度的土壤样品，测定及计算0~50 cm、50~100 cm、100~200 cm土层中的含水量及储水量。土壤水分测定通过称量法获得。在深层的潜流，及表面的径流忽略不计情况下，通过下列公式计算蒸散量及水分利用效率。

$$ET = (GSP + IRR) + SWS - SWH \qquad (2-4)$$

$$WUE = Y/ET \qquad (2-5)$$

式中,

ET代表蒸发蒸腾量;

GSP代表生长季降水量;

IRR代表灌溉水量;

SWS代表播种前土壤含水量;

SWH代表收获后土壤含水量;

WUE代表水分利用效率;

Y代表作物产量。

2.2.2 小麦盆栽试验过程中,土壤结构体、有机碳活性及化学组成稳定性、土壤生物活性、作物有效性

盆栽试验所用土壤为大田试验中表土土壤(0~10 cm),土壤基本理化性质及气候条件见2.2.1.1部分。试验所用秸秆收集于大田试验中小麦产出秸秆,基本理化性:C为40.4%,N为1.5%,H为6.3%。试验所用生物质炭为河南商丘市三利息能源有限公司利用小麦秸秆在650 ℃下热解2 h制备。生物质炭理化性质:C为51.1%,N为1.7%,H为3.1%,K为0.16%,Ca为1%,Mg为0.62%,表面积为139.7 m²/g。盆栽试验用土壤在试验前预先过2 mm筛,生物质炭与秸秆粉末过0.15 mm筛,土壤与添加的不同碳源材料充分混匀后装盆。秸秆添加水平包括:1%,3%,10%(Str$_{1.0}$,Str$_{3.0}$,Str$_{10.0}$)[①],为保证相同碳量添加,生物质炭添加水平为:0.8%,2.4%,8%(BC$_{0.8}$,BC$_{2.4}$,BC$_{8.0}$)。试验共包含7个处理:Str$_{1.0}$,Str$_{3.0}$,Str$_{10.0}$,BC$_{0.8}$,BC$_{2.4}$,BC$_{8.0}$,CK,其中CK为无外源碳添加处理,试验为完全随机区组设计,各处理重复5次。

试验所用花盆规格:直径25 cm,高17 cm,每盆土重3.5 kg(干土)。播种量为每盆20粒种子,发芽后留苗生长情况较好的10株。试验过程中定期浇水管理以防止水分胁迫。盆栽施肥情况为:尿素0.53 g、磷酸二氢钙0.35 g、氯化钾0.35 g。

---

① Str表示秸秆还田处理。

2.2.2.1 样品采集与处理

采样时间确定依据Lancashire等（1991）的BBCH作物模型，选定小麦4个不同生育期：抽叶期（leaf development）；拔节期（stem elongation）；开花期（flowering）；成熟期（ripening）。土壤鲜样分别在小麦的4个生育期采取，潮湿的土壤通过手掰并过2 mm筛后，保存于4 ℃冰箱中等待进一步测定（MBC、DOC、不同酶活性等）。土壤水稳性团聚体分级所用原状土在小麦收获后，土壤略潮湿时，倒置花盆于铺好的塑料纸上，轻拍盆地，土块即可完整脱落，随后用手掰取土块内部无扰动的心土，并装于木质盒中，避免碰撞带回实验室等待测定。土壤原状土的预处理与2.2.1.2相同。

2.2.2.2 测定方法

有机碳组分测定方法如下。

SOC、OOC测定详见2.2.1.3部分。溶解性有机碳（DOC）采用Ghani等（2003）的方法测定：称取10 g土壤鲜样于100 mL超纯水中振荡30 min，随后于10 000转速下离心15 min。离心后的土壤上清液在6 kPa压力下过0.45μm微孔滤膜抽滤。微生物量碳（MBC）采用Voroney等（1993）的熏蒸法测定：MBC含量通过熏蒸与未熏蒸土壤中的溶解有机碳差值计算（除以0.45系数）。DOC与MBC分离的土壤浸提液上TOC仪（TOC-V$_{CPH}$，Shimadzu Scientific Instruments，Tokyo，Japan）测定有机碳含量。土壤官能团采用傅立叶红外光谱仪（NEXUS，美国）KBr压片法，测定土壤在400～4 000 cm^{-1}波段下的吸收峰。

小麦生育期相关生物指标测定如下。

小麦4个不同生育期的叶绿素指标SPAD（叶绿素度），通过便携式叶绿计（SPAD-502；Minolta，Japan）测定。由于小麦在成熟期叶片逐渐变黄，因此最后一个生育期的SPAD测定选择在果实形成期（fuit development stage）统一进行。小麦不同生育期净光合速率和蒸腾速率通过LI-6400XT光合仪（Protable Photosynthesis System，美国LI-COR）进行测定，选择抽叶期、开花期、果实形成期（fuit development stage）3个生育期测定。

生物质炭与不同粒级土壤水稳性团聚体WSA相互作用情况采用电镜扫描观察（JSM-6360LV Scanning Electron Microscope，JEOL Ltd.，Japan），射束能量为30 kV。小麦产量（13.5%谷物含水量）在小麦自然风干后称重统计。

转化酶活性测定采用磷酸二氢钠-钼溶液比色法测定（关松荫，1985）：取 10 g土于100 mL三角瓶中，加入2 mL甲苯，等待15 min后加10 mL 20%的蔗糖溶液和10 mL pH值为5.5的醋酸缓冲液，于37 ℃条件下培养12 h。培养完成后过滤吸取1 mL滤液，定容至25 mL刻度试管，加2 mL 0.2 mol/L磷酸二氢钠和5 mL钼溶液，在分光光度计578 nm处比色，同时绘制标曲线（葡萄糖溶液）。转化酶活性以12 h后10 g土壤中葡萄糖毫克数表示。

脲酶活性采用苯酚钠-次氯酸钠比色法测定（关松荫，1985）：取5 g风干土于100 mL三角瓶中，加入1 mL甲苯，等待15 min后加10 mL 10%的尿素溶液和20 mL pH值为6.7的柠檬酸缓冲液，于37 ℃条件下培养12 h。培养完成后过滤吸取1 mL滤液，定容至25 mL刻度试管，加4 mL苯酚钠溶液和3 mL次氯酸钠溶液，在分光光度计578 nm处比色，同时绘制标曲线（N标准曲线）。转化酶活性以12 h后，1 g土壤中NH_3-N毫克数表示。

过氧化氢酶活性采用高锰酸钾滴定法测定（关松荫，1985）：取2 g风干土于100 mL三角瓶中，加40 mL蒸馏水和5 mL 0.3%双氧水（现配），振荡20 min后，加入5 mL 3 mol/L硫酸，以稳定为分解的过氧化氢。过滤后吸取25 mL滤液用0.1 mol/L高锰酸钾滴定。过氧化氢酶活性以20 min后1 g土样中0.1 mol/L高锰酸钾的毫升数表示。

土壤酶动力学利用以Michaelis-Menten方程（米氏方程）为基础的经典稳态动力学拟合，通过反应速率V和底物浓度S的匹配获得（朱铭莪，2010）。

$$V = \frac{V_{max} \times S}{K_m + S} \qquad (2-6)$$

土壤转化酶和脲酶动力学，试验土壤采用小麦收获期的不同处理土样测定，测定条件同于上述酶活性测定方法（培养时间、pH值、比色条件等），底物浓度包含不同梯度。不同浓度下酶活性V与底物浓度通过Michaelis-Menten 方程进行拟合，得到K_m和V_{max}。

土壤转化酶动力学底物浓度分别为0.005 mol/L、0.01 mol/L、0.05 mol/L、0.1 mol/L的蔗糖溶液；土壤脲酶动力学底物浓度分别为0.005 mol/L、0.01 mol/L、0.05 mol/L、0.1 mol/L的尿素溶液。

2.2.3 室内培养试验过程中，土壤有机碳矿化规律

称取100 g过2 mm筛的风干土样与不同外源碳材料充分混匀，并将充分混匀的土壤均匀地平铺在500 mL体积的广口塑料瓶底部。调节各处理土壤的含水量，使得土壤含水量为田间最大持水量（WHC）的50%。加入1 mL新鲜原土的微生物接种液，每毫升接种液含有0.001 g新鲜土壤，并在4 ℃条件下预培养3 d，以激活微生物活性。瓶中土壤上方安置装有20 mL的0.1 mol/L NaOH溶液的小胶卷盒。在25 ℃条件下，密闭培养。

不同外源碳添加处理与盆栽试验处理相同：秸秆添加水平包括：1%，3%，10%（$Str_{1.0}$，$Str_{3.0}$，$Str_{10.0}$），为保证相同碳量添加，生物质炭添加水平为：0.8%，2.4%，8%（$BC_{0.8}$，$BC_{2.4}$，$BC_{8.0}$）。共包含7个处理：$Str_{1.0}$，$Str_{3.0}$，$Str_{10.0}$，$BC_{0.8}$，$BC_{2.4}$，$BC_{8.0}$，CK，其中CK为无外源碳添加处理，试验为完全随机区组设计，各处理重复3次。分别在培养时间为：1 d，3 d，7 d，10 d，20 d，30 d，40 d，50 d，60 d，80 d，100 d，120 d，150 d，180 d，210 d时测定有机碳矿化情况，并定期补充土壤水分，使得土壤含水量保持在田间最大持水量的60%。

2.2.3.1 土壤矿化过程的双碳库指数模型

选用匹配度较高的双碳库指数模型（Martín et al.，2012），对二氧化碳的释放进行拟合。

$$C_t = C_a(1-e^{-kat}) + C_s(1-e^{-kst}) \qquad (2-7)$$

式中，

C_t为t时间内CO_2的累积释放量（单位：g C/kg 土）；

C_a、C_s为活性可矿化碳库、稳定慢性可矿化碳库（单位：g C/kg土）；

k_a、k_s为对应的两个碳库降解速率（单位：d）；

C_a、C_s的总和即为土壤潜在可矿化碳量；

C_r为"稳定性碳库"（Wang et al.，2004），这一碳库在较短时间内不参与碳素的矿化作用。

2.2.3.2 测定方法

SOC测定详见2.2.1.3部分。CO_2释放量的测定：将胶卷盒取出，其中的碱液用去CO_2的蒸馏水冲洗若干次，加入$BaCl_2$ 2 mL，酚酞指示剂2~3滴，用0.05 mol/L的标准盐酸滴定，并同时作空白对照滴定。标准盐酸用Na_2CO_3基准试剂为基准物标定。

2.3 数据处理

不同耕作措施和外源碳输入下，土壤结构、有机碳库、微生物活性和酶动力学、作物生长等指标数据采用Excel 2010初步计算，所得结果经正态分布检验后的方差分析、多重比较（LSD法），相关性分析采用SAS 8.1（SAS Institute，1990）软件。相关数据图形的绘制、矿化数据的拟合，使用Origin 8.0软件进行。

3 土壤团聚体及其活性有机碳组分及作物生长受耕作模式和秸秆还田的影响

3.1 引言

农业生产管理措施（如耕作、作物秸秆管理、作物轮作体系等）对土壤中碳素的固定具有决定性作用（Blanco-Canqui and Lal，2007）。研究表明，在加拿大草原土壤和秸秆覆盖的农田系统中，表层土壤有机碳储量（SOC stocks）在免耕模式下显著高于传统耕作模式（Lafond et al.，2011）。在地中海气候的黏壤土中，当与秸秆还田措施配合实施，免耕促进了土壤有机碳的累积和有机质的降解作用（Fuentes et al.，2012）。然而，对美国东部的11个主要土壤区域的研究显示出了截然相反的结果，SOC储量在免耕下反而有降低的趋势（Blanco-Canqui and Lal，2008）。明尼苏达州（美国中北部）23年长期大田耕作试验发现，不同耕作下土壤SOC储量变化差异不显著（Dolan et al.，2006）。这些不一致的研究结果取决于研究区域不同的土壤理化性质和气候条件。

土壤团聚体对于土壤质量、土壤理化性质、碳库动力学等方面的变化具有重要意义。减少农业生产系统扰动、增加有机物输入、防止土壤有机碳快速降解可以促进土壤团聚体的形成（Six et al.，1998）。耕作在短期内可以促进土壤孔隙度的增加，但长期的耕作措施将导致土壤结构体（WSA）含量的降低（Bronick and Lal，2005）。研究表明，在大麦生产过程中，免耕相对于传统耕作，显著增加了土壤中大颗粒团聚体的含量（Angers et al.，1993）。土壤长期在频繁和高强度的耕作措施下，会导致土壤团聚体稳定性降低，从而使得土壤结构恶化，更难应对气候条件的改变（Álvaro-Fuentes et al.，2008）。土壤大颗粒团聚体（>0.25 mm）的形成，可以有效降低颗粒大有机质和大颗粒团聚体中所包含的小颗粒团聚体碳素的降解（Denef et al.，2007）。土壤颗粒有机碳（POC）作为土壤对耕作措施响应的灵敏指标，已经被进行深入研究（Duval et al.，2013）。免耕措施可以显著增加表层壤土（0～5 cm）中颗粒有机碳的含量（Plaza-Bonilla et al.，2014）。然而，对不同的土壤质地例如黏壤土，免耕措施却降低了土壤5～30 cm土层中SOC和POC浓度（Wander et al.，1998）。这些矛盾的结果表明，土壤POC含量随土壤质地的不同呈现不同的变化规律。

土壤易氧化有机碳（OOC）和活性有机碳（AOC）都是反映土壤理化形状变化的灵敏指标（Gong et al.，2009）。不稳定有机碳组分（OOC或AOC）的研究，对于不同耕作措施下土壤有机碳质量的变化具有重要作用。土壤AOC和OOC早期常分别通过$KMnO_4$和浓硫酸的氧化作用测定（Blair et al.，1995；Chan et al.，2001）。Barreto等（2011）通过对巴西北部可可生产土壤的研究发现，超过50%的土壤有机碳包含在易氧化有机物质中，而活性有机质组分相对于土壤总有机碳可以更加灵敏地反映土壤肥力含量的变化。Plaza-Bonilla等（2014）发现，在西班牙东北部地区0～5 cm土层中，免耕模式下土壤OOC含量相对传统耕作高出59%。尽管很多研究关注于根际土壤中OOC和AOC含量的变化，然而土壤不同颗粒大小团聚体所包含的OOC和AOC含量，受不同耕作措施的影响还缺乏研究。

关中平原是陕西省重要的谷物生产区，占陕西省粮食总产产量的19%左右。冬小麦—夏玉米轮作是该区域主要的作物种植体系。然而由于多年不良的传统耕作习惯，土壤流失和生产成本逐渐增加。为了改善土壤质量和粮食作物生产，在过去的20年里保护性耕作和秸秆还田被广泛地推广实施。整体来看，该区域保护性耕作措施主要包括免耕（NT）、旋耕（RT）、深松（SS）。该区域无机化肥和秸秆添加对土壤有机质累积的影响已经被广泛研究（Gao et al.，2005）。然而，不同保护性耕作模式对土壤结构、SOC活性、作物产量等的影响，以及不同耕作措施下，POC、POM-AOC、POM-OOC等敏感性的评估还十分匮乏。

长期的免耕措施可能会影响土壤结构的改善或不利于植物残体和大颗粒团聚体中SOC的降解。因此，本次试验假设NT模式可能会促进土壤SOC的累积，但可能对于土壤结构的改善影响有限；而关中平原免耕模式的这些缺点，可能通过与其他耕作模式（深松或旋耕）的相互组合所改善。为了验证之一假设，自2002年起的不同耕作模式下的长期耕作+秸秆还田试验，在西北农林科技大学农作一站建立。本研究涉及指标为连续耕作10年后测定数据。本次试验的目的是评估不同耕作模式，对土壤结构稳定性、POC分布、SOC储量、作物产量的影响，以期为我国西北地区半干旱气候下耕作模式的优化提供科学依据。

3.2 材料与方法

试验设计、研究区概况、土壤基本理化性质详见2.2.1和2.2.1.1；土样采集及处理、试验指标的测定详见2.2.1.2和2.2.1.3；数据处理详见2.3。

3.3 结果与讨论

本章节内容涉及团聚体，由于不同耕作模式土壤团聚体数据较多，为方便问题讨论，结果与讨论放在一起撰写，其他章节结果、讨论将分别叙述。

3.3.1 耕作措施对土壤容重的影响

由不同耕作模式下，土壤容重多年稳定后的分布如表3-1所示。相对于对照处理，免耕模式在秸秆还田或不还田处理下，都明显增加了0～10 cm和10～20 cm土层的容重。其中秸秆还田条件下，两个土层容重依次增加了11.3%和12.9%；在不还田措施下，依次增加了16.5%和16.9%。但在20～30 cm土层免耕则与对照之间差异不显著，表明研究区域所处条件下，长期免耕模式对土壤容重的影响主要集中在0～20 cm的土壤深度。而在0～10 cm、10～20 cm、20～30 cm土层，深松以及旋耕模式下土壤容重的变化都不明显。这可能是由于深松和旋耕模式对于土壤的扰动作用，促进了0～30 cm深度土壤与有机物质的混合，使得土壤容重相对于免耕较小，有助于犁底层的减少。就同一耕作模式而言，秸秆还田措施相对于不还田，土壤容重相对较小，且这种规律主要表现在0～20 cm土壤深度。

表3-1　不同耕作模式下土壤容重变化

处理	土层（cm）		
	0～10	10～20	20～30
RT-NTs	1.12 ± 0.06 c	1.25 ± 0.07 c	1.50 ± 0.09 a
RTs-NTs	1.13 ± 0.07 c	1.23 ± 0.06 c	1.51 ± 0.07 a
SS-NTs	1.19 ± 0.01 bc	1.30 ± 0.09 bc	1.43 ± 0.09 a
SSs-NTs	1.15 ± 0.04 c	1.28 ± 0.01 c	1.42 ± 0.07 a
NT-NTs	1.34 ± 0.08 a	1.45 ± 0.06 a	1.54 ± 0.09 a
NTs-NTs	1.28 ± 0.07 ab	1.40 ± 0.07 ab	1.51 ± 0.07 a
CT-NTs	1.15 ± 0.09 c	1.24 ± 0.06 c	1.52 ± 0.07 a

注：同列不同字母表示差异显著（$P<0.05$）。下同。

3.3.2　耕作措施对土壤水稳性团聚体（WSA）分布的影响

不同耕作模式下，0～30 cm土壤中不同粒级水稳性团聚体（WSA）分布如表3-2所示。不同粒级的水稳性团聚体，WSA 0.25～2 mm（32%～41%）和WSA 0.05～0.25 mm（39%～42%）的百分比含量高于其他粒级团聚体（小于10%）。在0～10 cm、10～20 cm、20～30 cm土层，土壤大颗粒团聚体（>0.25 mm）含量随土壤深度的增加呈逐渐降低趋势，而小颗粒团聚体（<0.25 mm）则随土层深度的增加呈现出截然相反的规律。土壤大颗粒水稳性团聚体的这种垂直分布不规律可能与植物根系有机碳和其他有机物残体在表层土壤的累积有关（Gale et al.，2000）。

在各个不同的土壤深度下，不同粒级水稳性团聚体，受耕作方式的影响差异显著（表3-2）。在0～10 cm的表层土壤，与传统耕作相比，免耕模式（NT）下WSA<0.05 mm显著降低了18%，而WSA>2 mm却增加了98%。这与Angers等（1993）的研究结果一致，NT模式下，>2 mm团聚体累积作用的促进，是以牺牲小颗粒WSA（<1 mm）为代价的。免耕模式下，与传统耕作相比，作为百分比含量较高的WSA 0.25～2 mm和WSA 0.05～0.25 mm组分，差异不显著。

表3-2　不同耕作模式下各粒级WSA（WSA，>2 mm，0.25～2 mm，0.05～0.25 mm，<0.05 mm）在0～30 cm土层中的分布

处理	>2 mm WSA比例（%）				0.25～2 mm WSA比例（%）				0.05～0.25 mm WSA比例（%）				<0.05 mm WSA比例（%）			
	0～10 cm	10～20 cm	20～30 cm	均值	0～10 cm	10～20 cm	20～30 cm	均值	0～10 cm	10～20 cm	20～30 cm	均值	0～10 cm	10～20 cm	20～30 cm	均值
RT-NTs	14.0± 0.58 e	10.4± 0.60 d	1.90± 0.12 a	8.75	37.7± 0.74 a	36.3± 0.63 a	23.3± 0.41 a	32.44	32.1± 0.76 a	36.8± 0.74 a	54.4± 0.02 d	41.08	7.19± 0.21 d	8.16± 0.35 d	10.9± 0.24 c	8.74
RTs-NTs	17.4± 0.60 f	11.0± 0.35 d	4.11± 0.24 c	10.8	39.1± 0.80 b	36.4± 0.52 a	34.1± 0.84 c	36.52	35.4± 0.58 b	37.5± 0.74 ab	49.6± 0.85 c	40.85	5.06± 0.11 a	6.50± 0.40 b	8.21± 0.34 a	6.59
SS-NTs	12.1± 0.62 d	10.8± 0.66 d	3.60± 0.18 b	8.85	37.6± 0.52 a	39.2± 0.79 bc	36.5± 0.43 d	37.78	36.8± 0.12 c	41.7± 0.55 e	45.2± 0.87 b	41.24	6.55± 0.17 c	6.67± 0.22 b	8.83± 0.20 b	7.35
SSs-NTs	13.0± 0.13 d	12.0± 0.54 e	4.12± 0.12 c	9.68	42.0± 0.43 c	41.7± 0.16 e	39.2± 0.29 f	40.96	39.0± 0.40 e	40.6± 0.49 d	46.2± 0.70 b	41.91	5.59± 0.01 b	4.54± 0.10 a	8.83± 0.21 b	6.32
NT-NTs	8.39± 0.48 c	9.25± 0.16 c	3.72± 0.23 b	7.12	39.6± 0.68 b	40.0± 0.20 cd	36.1± 0.13 d	38.56	37.9± 0.60 d	38.8± 0.58 c	42.2± 0.15 a	39.60	6.73± 0.15 c	6.52± 0.27 b	8.12± 0.23 a	7.12
NTs-NTs	5.52± 0.55 b	8.27± 0.64 b	4.33± 0.23 c	6.04	37.7± 0.87 a	40.7± 0.61 d	37.9± 0.50 e	38.75	41.8± 0.18 f	38.6± 0.53 c	42.5± 0.59 a	40.99	8.07± 0.22 e	7.19± 0.32 c	8.60± 0.35 ab	7.95

（续表）

处理	>2 mm WSA比例（%）				0.25~2 mm WSA比例（%）				0.05~0.25 mm WSA比例（%）				<0.05 mm WSA比例（%）			
	0~10 cm	10~20 cm	20~30 cm	均值	0~10 cm	10~20 cm	20~30 cm	均值	0~10 cm	10~20 cm	20~30 cm	均值	0~10 cm	10~20 cm	20~30 cm	均值
CT-NTs	3.51± 0.40 a	6.82± 0.48 a	3.76± 0.20 b	4.70	39.8± 0.97 b	38.9± 0.14 b	32.8± 0.37 b	37.17	37.6± 0.56 cd	37.9± 0.34 bc	42.3± 0.53 a	39.27	8.98± 0.24 f	7.48± 0.23 c	10.6± 0.27 c	9.01
Mean	10.55	9.79	3.65		39.06	39.04	34.26		37.22	38.84	46.06		6.88	6.72	9.14	
LSD$_{0.05}$处理（n=9）	0.384				0.542				0.524				0.239			
深度（n=21）	0.251				0.355				0.343				0.157			
T×D（n=3）	0.714				0.957				0.935				0.404			

注：数据以平均值±标准偏差表示；根据Fisher's LSD 的 t 检验，在 $P<0.05$ 时，相同字母表示差异性不显著。T×D表示处理和深度之间的交互作用。RT表示凝耕；NT表示免耕；SS表示深松；CT表示常规耕作（对照）；-NTs表示无秸秆还田；s-NTs表示秸秆还田。

　　土壤团聚体是由沙粒、黏粒等，在电荷及范德华力的作用下逐渐聚合而成（Zhang et al.，2012；Chinchalikar et al.，2012），它们的稳定性大小由结构组成中的有机和无机物质决定（Denef and Six，2005）。本研究中，免耕模式对土壤的扰动作用最小，从而有利于土壤中>2 mm的大颗粒团聚体形成。然而，在免耕模式下秸秆材料留于土壤表面，而不是被混合进土壤中，抑制了有机物质在土壤中的降解，并最终导致WSA 0.25 ~ 2 mm和WSA 0.05 ~ 0.25 mm组分的增加十分有限。与此相比，传统耕作模式下适当土壤扰动，促进了土壤中有机质的含量、土壤水分流动、土壤动物的繁殖等，一定程度上有利于土壤团聚体的稳定性增加（Karlen et al.，1994；Costantini et al.，1996；Kladivko，2001）。

　　在亚表层土壤，与传统耕作相比，土壤WSA 0.25 ~ 2 mm组分的含量在旋耕（RT）模式下分别降低了6%（10 ~ 20 cm）和41%（20 ~ 30 cm）；相反地，深松模式（SS）下，土壤WSA 0.25 ~ 2 mm组分的含量增加了5%。这些结果与不同耕作强度扰动影响下，土壤大颗粒团聚体的瞬态破坏机制一致（Olchin et al.，2008）。除此之外，耕作的深度不同，也间接影响着小颗粒团聚体互相聚合成大颗粒团聚体的过程，这主要是通过影响有机质残渣与土壤的混合深度，及其在土壤中的降解速率来实现（Zhang et al.，2012）。这一过程也解释了深松模式（25 ~ 28 cm土壤扰动）在表层土壤对大颗粒团聚体形成的促进作用，而旋耕模式（5 ~ 10 cm土壤扰动）却降低了表土大颗粒团聚体含量。连续多年的旋耕模式，会导致表层壤土的逐渐减少及土壤理化性状的恶化，植物残渣也无法与深层土壤混合降解，这些因素也限制了深层土壤中大颗粒团聚体的形成。

3.3.3　耕作措施对土壤颗粒有机碳（POC）的影响

　　土壤颗粒有机碳（POC），被认为是土壤中活性有机质的重要组分以及量度性指标，在不同耕作体系中，土壤有机质（SOM）的增长也主要体现在POC的变化情况上。

　　本研究中，土壤POC含量随土壤深度的增加而降低。各个耕作模式下的POC含量都有不同程度的增加（表3-3）。在0 ~ 10 cm土层，相对传统耕作，其他6种耕作模式中有5种显著增加了土壤POC含量。其中以深松+秸秆还田模式（SSs-NTs）的POC增幅最大（36.9%），旋耕+秸秆还田模式（RTs-NTs）增幅为30.0%，免耕+秸秆还田模式（NTs-NTs）为27.0%。无秸秆还田免耕模式（NT-

NTs）的土壤POC含量增加不显著（4.9%）。

在10～20 cm土层，相对于传统耕作，深松模式（SS）下土壤POC含量显著降低了17%，免耕和旋耕（NT和RT）模式下POC含量差异不显著。在20～30 cm土层中，不同处理下的土壤POC含量差异不显著。在整个0～30 cm土壤中，相对传统耕作，深松+秸秆还田模式土壤POC的平均含量增加了16.5%，免耕+秸秆还田模式（NTs-NTs）增加了14.1%，单一免耕模式（NT-NTs）仅增加了1.5%（表3-3）。

表3-3　耕作措施对0～30 cm土层POC含量的影响

处理	POC含量（g/kg）			
	0～10 cm	10～20 cm	20～30 cm	均值
RT-NTs	17.3 ± 0.52 b	10.4 ± 0.78 a	7.87 ± 0.49 a	11.8
RTs-NTs	17.8 ± 0.34 bc	11.1 ± 0.17 ab	8.44 ± 0.38 a	12.4
SS-NTs	17.1 ± 0.95 b	12.0 ± 0.50 bc	8.36 ± 0.31 a	12.5
SSs-NTs	18.8 ± 0.60 c	12.5 ± 0.66 c	8.47 ± 0.44 a	13.2
NT-NTs	14.4 ± 0.60 a	12.1 ± 0.41 bc	8.13 ± 0.20 a	11.5
NTs-NTs	17.5 ± 0.87 b	13.0 ± 0.88 c	8.36 ± 0.25 a	13.0
CT-NTs	13.7 ± 0.22 a	12.6 ± 0.20 c	7.81 ± 0.72 a	11.4
平均	16.65	11.93	8.21	
$LSD_{0.05}$处理（$n=9$）	0.563			
深度（$n=21$）	0.369			
$T \times D$（$n=3$）	0.962			

注：数据以平均值±标准偏差表示；根据Fisher's LSD的t检验，在$P<0.05$时，相同字母表示差异性不显著。T×D表示处理和深度之间的交互作用。RT表示旋耕；NT表示免耕；SS表示深松；CT表示常规耕作（对照）；-NTs表示无秸秆还田；s-NTs表示秸秆还田。

以上结果表明，单一的免耕措施限制了土壤中POC含量的增加，而免耕与秸秆还田相结合模式可以显著促进POC含量的增加。这与作物秸秆残渣在表层土壤的累积有关（Martins et al., 2012）。Kettler等（2000）也发现了相似的结果，在秸秆覆盖还田下的小麦免耕种植体系，显著增加土壤0 ~ 7.5 cm的POC含量。也有研究表明，NT并不总是有助于土壤有机碳储量的增加（Ogle et al., 2012）。与之相比，深松模式（SS）的耕深为30 cm，可以彻底打破犁底层（研究区域土壤犁底层深度为20 cm左右），促进亚表层土壤与秸秆残渣的接触，却不会造成土壤主要结构的破坏（Chen et al., 2004）。

3.3.4　耕作措施对表层土壤结构体中易氧化有机碳（OOC）的影响

土壤有机碳在分解的难易程度上，被划分为易氧化以及难氧化有机碳两个部分。其中，土壤中易氧化有机碳组分的变化，直接反映着土壤中肥力释放的有效性以及释放潜能的大小。

土壤的易氧化有机碳（OOC）主要在表层土壤中累积（Barreto et al., 2011），因此，本研究重点分析不同耕作模式下，0 ~ 10 cm土层土壤结构体当中OOC的含量变化。结果表明，与土壤小颗粒团聚体（<0.25 mm）相比，大颗粒团聚体（>0.25 mm）中OOC的含量（WSA-OOC）高出73%。与传统耕作相比，其他耕作模式下，土壤WSA 0.25 ~ 2 mm粒径的大颗粒团聚体中OOC的含量都显著增加（RT 39%，SS 36%，NT 27%）（图3-1）。相对于传统耕作，土壤颗粒态有机物当中的OOC含量（POM-OOC），在旋耕（RT）和深松（SS）模式下增加了25% ~ 36%，免耕（NT）模式下差异不显著。除此之外，秸秆还田处理下的土壤POM-OOC含量，高于不还田处理2% ~ 7%（图3-2）。

以上结果表明，免耕、旋耕、深松措施显著增加了土壤大颗粒团聚体中OOC的含量。然而，与旋耕和深松相比，免耕措施导致了低的POM-OOC累积速率。Six等（2002b）认为，耕作措施由于其耕作强度，对于土壤大颗粒团聚体的稳定性具有消极的影响。与之相反，长期的免耕措施加快了颗粒态有机质中OOC的降解（POM-OOC），进而促进了土壤团聚体中OOC的累积。

土壤易氧化有机碳是易降解组分，受土壤有机残渣输入量的影响较大（Christensen et al., 2000）。Sommer等（2011）研究发现，土壤有机物质的添加显著地促进了土壤SOC的活性。尽管免耕模式下的土壤扰动小，但却阻碍了作物秸秆残渣在土壤中的降解作用。与之相比，深松和旋耕模式增加了秸秆残渣与土壤的混合程度，促进了OOC的累积。

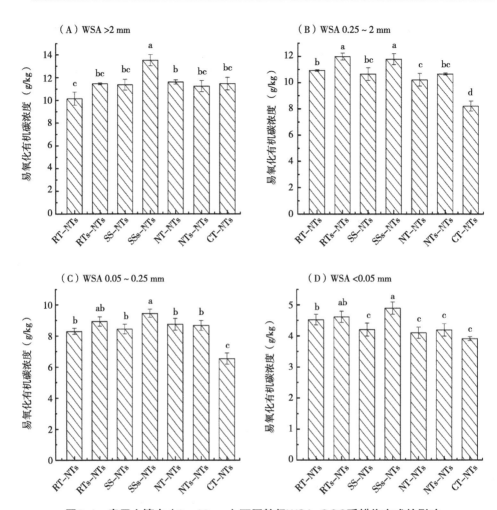

图3-1 表层土壤中（0~10 cm）不同粒级WSA-OOC受耕作方式的影响

注：RT（旋耕）；NT（免耕）；SS（深松）；CT（传统耕作）（control）；-NTs（秸秆不还田）；s-NTs（秸秆还田）。下同。

在10~20 cm和20~30 cm土层中，土壤POM-OOC含量在深松、旋耕及免耕模式下，相对传统耕作差异都不显著（图3-3）。这与土壤易氧化有机碳主要在表层土壤中累积有关（Barreto et al., 2011）。

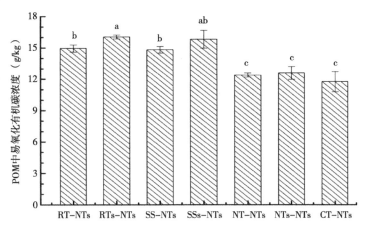

图3-2 表层土壤中（0~10 cm）POM-OOC受耕作方式的影响

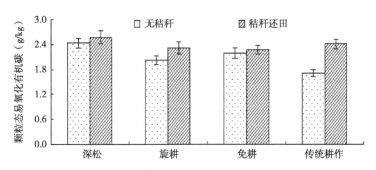

图3-3 10~30 cm土壤中POM-OOC受耕作方式影响一般变化规律

3.3.5 耕作措施对土壤中颗粒态活性有机碳（POM-AOC）的影响

在0~30 cm土层，土壤POM-AOC含量随土层深度的增加逐渐降低（表3-4）。这与土壤大颗粒团聚体（表3-2）及POC（表3-3）在0~30 cm土壤的分布规律相同。耕作对土壤POM-AOC含量的影响主要集中在0~10 cm的表层土壤，其中深松和旋耕模式（SS和RT）下土壤平均POM-AOC含量增加了30%。然而，Needelman等（1999）研究却表明，在高砂砾土壤条件下，耕作对有机碳分布的影响不显著。这一矛盾的结果与土壤质地的不同有关。本研究中的关中平原土壤粉粒含量较高（680 g/kg），长期的免耕措施会导致土壤透气和透水性降低，而适时的深松或旋耕处理会促进土壤有机物质的降解及微生物的活性。

除此之外，与传统耕作相比，0~10 cm土壤POM-AOC含量在免耕不还田措施中显著下降了8%，而在免耕+秸秆还田处理却有所增加（2%）。这一结果表明了秸秆还田措施对于土壤POM-AOC累积的贡献作用。

在10～20 cm和20～30 cm土层，不同耕作措施下土壤POM-AOC含量差异不显著。整体而言，0～30 cm土壤的平均POM-AOC含量，在深松模式下相对于传统耕作增加了20.8%，而免耕模式则下降了3.2%。以上结果表明，免耕措施对土壤POM-AOC的累积没有显著作用，而深松模式下适时的土壤混合扰动促进了表层土壤中有机碳的活性。

表3-4　耕作措施对0～30 cm土壤颗粒态活性有机碳（POM-AOC）的影响

处理	POM-AOC（g/kg）			
	0～10 cm	10～20 cm	20～30 cm	均值
RT-NTs	0.49 ± 0.05 cd	0.36 ± 0.03 ab	0.28 ± 0.03 ab	0.38
RTs-NTs	0.47 ± 0.04 cd	0.31 ± 0.03 a	0.23 ± 0.02 a	0.34
SS-NTs	0.43 ± 0.06 bc	0.41 ± 0.03 b	0.31 ± 0.01 b	0.38
SSs-NTs	0.53 ± 0.04 d	0.36 ± 0.02 ab	0.28 ± 0.04 ab	0.39
NT-NTs	0.34 ± 0.03 a	0.31 ± 0.06 a	0.26 ± 0.03 ab	0.30
NTs-NTs	0.38 ± 0.05 ab	0.34 ± 0.06 ab	0.25 ± 0.06 a	0.32
CT-NTs	0.37 ± 0.01 ab	0.31 ± 0.02 a	0.27 ± 0.02 ab	0.32
均值	0.43	0.34	0.27	
$LSD_{0.05}$处理（$n=9$）	0.027			
深度（$n=21$）	0.018			
T×D（$n=3$）	0.058			

注：数据以平均值±标准偏差表示；根据Fisher's LSD的t检验，在$P<0.05$时，相同字母表示差异性不显著。T×D表示处理和深度之间的交互作用。RT表示旋耕；NT表示免耕；SS表示深松；CT表示常规耕作（对照）；-NTs表示无秸秆还田；s-NTs表示秸秆还田。

3.3.6 耕作措施对土壤SOC储量、作物产量及水分利用效率的影响

本研究中，小麦和玉米秸秆的年还田量共为15 500 kg/hm²，相当于690 g/m²的土壤碳输入。在0～30 cm土壤中，深松、旋耕、免耕模式下的SOC储量，相对传统耕作模式，平均增加了15%（图3-4）。相对传统耕作，作物产量（小麦+玉米）在其他耕作模式下也显著增加（图3-5）。这些结果表明，在小麦—玉米轮作种植体系下，保护性耕作措施（深松、旋耕、免耕及秸秆还田措施）显著提高了土壤的有机碳储量，促进了作物产量的增加。免耕模式（全球范围内最普遍的保护性耕作模式）对土壤改善的积极作用与前人的研究一致（Karlen et al.，1994；Lafond et al.，2011）。深松和旋耕模式（关中平原地域性保护性耕作模式）有利于土壤有机碳储量和作物产量的增加。

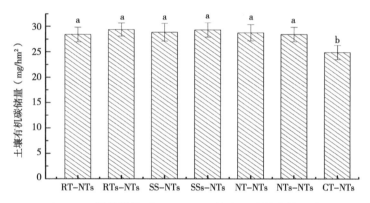

图3-4　耕作措施对0～30 cm土壤有机碳储量的影响

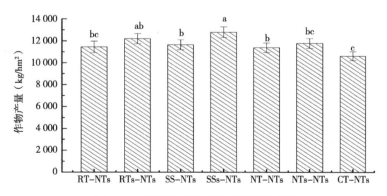

图3-5　不同耕作措施对作物产量的影响

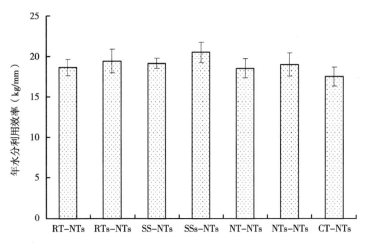

图3-6 不同耕作模式对作物年均产量及年水分利用效率的影响

　　水分利用效率反映了不同耕作体系下土壤整体的响应情况。不同耕作模式下，小麦生长季的土壤水分利用效率如图3-6所示。相对于传统耕作，保护性耕作措施提高了5%～18%。其中，深松+秸秆还田模式下的年际水分利用效率最高，相对于对照平均提高了16.39%。旋耕+秸秆还田、免耕+秸秆还田模式处理年际水分利用效率平均分别提高了10.5%和7.9%。相对于秸秆不还田处理，秸秆还田处理下的土壤水分利用效率更高。

　　相对于传统耕作措施，在秸秆还田或是不还田措施下，深松、旋耕模式相对于对照作物的地上生物量都有所增加，提高了水分利用效率，且以深松+秸秆还田模式水分利用率最大。这归因于深松模式下，土壤形成的疏松-紧实相间分布结构有关，深松的耕作深度所处区域为作物生长区，有助于水分入渗与根系的生长，耕作铲间距相对较小，又减少了水分的扩散损失，从而拥有较高的水分利用效率。而旋耕模式耕作深度仅仅在15 cm左右，作物根系生长区域对水分及养分的利用效率低于深松模式。

3.4　小结

　　小麦—玉米轮作体系下，相对于传统耕作，保护性耕作措施显著增加了土壤有机碳储量。值得注意的是，免耕模式虽然促进了土壤水稳性团聚体中易氧化有机碳含量的增加，却限制了土壤大颗粒团聚体（WSA为0.25～2 mm）的累积及颗粒态有机碳的活性；相对于传统耕作，免耕增加了0~20 cm土层土壤容重。旋耕模式使得土壤植物残渣和颗粒态有机碳累积在较浅的土表土壤中。深松模式下土壤水分利用效率最高，适时的深松+秸秆还田处理有效增强和维护了土壤结构的稳定性，增加了土壤生产力，是适合研究区域生态环境条件的合理耕作模式。在本研究基础上，更多土壤质地类型、土壤理化性状及时间跨度下耕作措施的影响还有待进一步研究。

4 生物质炭和秸秆碳输入对土壤结构和小麦各生育期土壤有机碳活性的影响

4.1 引言

秸秆保留措施是改善土壤结构和增加土壤有机质含量的有效途径（Hansen et al., 2015；Ji et al., 2015）。Zuazo和Pleguezuelo（2008）的研究发现，秸秆输入可以有效减少土壤碳素流失，促进土壤结构稳定性，减少水土流失。然而，秸秆的大量输入也会对土壤产生有害影响（Poirier et al., 2013）。Sadeghi等（1998）指出，小麦秸秆在表层土壤的大量输入会降低农用除草剂70%的活性成分。秸秆的过量输入所导致的杂草问题，也是限制保护性耕作措施推广的原因之一（Aziz et al., 2015；Singh et al., 2015）。

生物质炭由于其对土壤质量改善的积极作用，例如增加土壤阳离子交换量（CEC）、土壤持水性、微生物活性等，被人们所重视（Mukherjee and Zimmerman, 2013；Ndor et al., 2015）。生物质炭对土壤的积极作用可以归因于对土壤原有有机质的增加作用。生物质炭由于所具有的巨大表面积、丰富的表面负电荷和电荷密度，相对于传统的有机物质输入，会使土壤具有更高的CEC（Liang et al., 2006）。Lehmann（2007）研究发现，生物质炭对土壤碳素的长期隔离具有巨大潜力，这是由其在土壤中优秀的稳定性决定的（生物质炭可在土壤中存在几百年）。

然而，商业制备的生物质炭由于其价格高，往往不适用于农业生产者，相关立法也限制了生物质炭在农业生产中的广泛应用。当下的农业政策当中不包含生物质炭，这主要是由于其对土壤质量的潜在不确定性。例如Wardle等（2008）指出，生物质炭可能加速了土壤原有机质的降解。一些森林木材的生物质炭热解制备过程，造成了森林资源的锐减和土壤流失的加剧（Ayoub, 1998）。在此之前的研究更多的是关注于较少生物质炭添加水平（质量分数为0.3%～2%）的影响作用（Demisie et al.，2014；Yin et al.，2014），而对较大添加量的评估十分匮乏。因此，生物质炭合适的添加量，及较大添加量对土壤理化性状和结构的影响就显得十分必要。

关中平原作为重要的粮食作物和苹果生产基地，每年产出陕西省约19%的粮食以及全国约25%的苹果（Ji et al.，2015；Wang et al.，2010）。每年该区域产生大量的农业废弃物（如作物秸秆和苹果废弃枝条），已经成为制约当地农业经济可持续发展的关键因素。过剩农业废弃物的生物质炭热解工艺，将可能有效解决这一问题。然而Saarnio等（2013）的研究认为，土壤的生物质炭输入，降低了氮素对于作物的有效性。鉴于生物质炭自身存在的不确定性，是否优于秸秆的土壤质量改善材料还有待进一步验证。

本次试验假设：在半干旱气候条件区域，土壤的生物质炭输入可能会促进土壤大颗粒团聚体的形成，从而改善土壤结构，但过多的生物质炭添加可能会对土壤微生物活性产生抑制；而秸秆在土壤中的大量还田可能会导致土壤中有机残体的缓慢降解。为了验证这些假设，本研究通过9个月的小麦盆栽试验，来测定土壤在小麦不同生育期时的土壤活性有机碳库以及收获期土壤结构体的变化，以期为该区域合理的土壤有机质提升措施，以及农业废弃物的有效利用提供科学理论支持。

4.2 材料与方法

试验设计、研究区概况、土壤基本理化性质详见2.2.2；土样采集及处理、试验指标的测定详见2.2.2.1和2.2.2.2；数据处理详见2.3。

4.3 结果与分析

4.3.1 土壤水稳性团聚体（WSA）分布

在不同水平的外源碳输入条件下，土壤不同粒级水稳性团聚体的分布情况如表4-1所示。在生物质炭输入的各个处理下，相对于对照处理，土壤大颗粒团聚体（>0.25 mm）百分比都有所增加，而小颗粒团聚体（<0.25 mm）则呈现出恰好相反的规律。生物质炭在2.4%和8.0%水平添加的处理下（$BC_{2.4}$和$BC_{8.0}$）[1]，土壤大颗粒团聚体百分比含量分别显著增加了16.9%和45.8%。与之相反的，相对于对照处理，土壤小颗粒团聚体含量在$BC_{8.0}$水平下显著降低了13.5%，而在$BC_{0.8}$和$BC_{2.4}$处理下降不显著。生物质炭输入条件下，土壤不同粒级水稳性团聚体的电镜扫描图表明，生物质炭的颗粒主要分布在大颗粒水稳性团聚体组分中，而小颗粒团聚体组分中只有零星的分布（图4-1b，c，d）。在不同水平的秸秆碳输入处理下（$Str_{1.0}$，$Str_{3.0}$，$Str_{10.0}$），相对于对照处理，土壤大颗粒团聚体依次分别显著增加了65.1%，136%，208%；土壤小颗粒团聚体含量显著降低了19.2%~61.5%（$Str_{1.0}<Str_{3.0}<Str_{10.0}$）。在秸秆最大量添加水平的$Str_{10.0}$处理下，土壤大颗粒团聚体百分比含量是小颗粒团聚体的2倍多。

表4-1　生物质炭和秸秆碳输入下土壤不同粒级水稳性团聚体的分布　　　单位：%

处理	>2 mm水稳性团聚体	0.25~2 mm水稳性团聚体	0.05~0.25 mm水稳性团聚体	<0.05 mm水稳性团聚体
$BC_{0.8}$	1.52 a	23.03 ab	25.36 d	50.09 d
$BC_{2.4}$	2.12 b	24.52 b	23.73 c	49.63 d
$BC_{8.0}$	2.60 bc	30.61 c	26.24 d	40.55 c
$Str_{1.0}$	2.75 c	34.86 d	23.45 c	38.93 c
$Str_{3.0}$	5.67 d	48.10 f	18.63 b	27.60 b
$Str_{10.0}$	25.70 e	44.54 e	9.23 a	20.54 a
CK	1.19 a	21.59 a	26.20 d	51.01 d

注：根据Fisher's LSD的t检验，在$P<0.05$时，相同字母表示差异性不显著（$n=3$）。$BC_{0.8}$、$BC_{2.4}$和$BC_{8.0}$分别表示生物质炭的施用水平为0.8%、2.4%和8.0%。$Str_{1.0}$、$Str_{3.0}$和$Str_{10.0}$分别表示秸秆的施用水平为1%、3%和10%。CK是无碳对照处理。

---

① BC为biochar缩写，生物质炭。

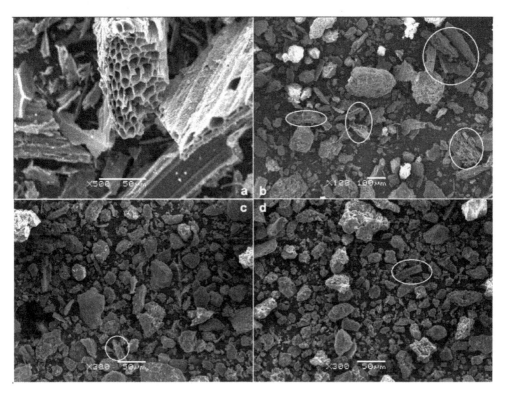

a. 生物质炭结构扫描图；b. WSA 0.25～2 mm电镜扫描；

c. WSA 0.05～0.25 mm电镜扫描；d. WSA<0.05 mm电镜扫描。

图4-1　生物质炭材料及生物质炭输入下土壤各粒级水稳性团聚体电镜扫描图

注：图b中白圈只圈出视角中部分的生物质炭颗粒，图c和图d中则为视角中的全部生物质炭颗粒。

4.3.2　土壤有机碳（SOC）

生物质炭和秸秆碳添加都显著增加了土壤SOC含量（图4-2）。在小麦不同生育期，相对于对照处理，土壤SOC含量在生物质炭添加处理下增加了13.2%～155.1%（$BC_{0.8}<BC_{2.4}<BC_{8.0}$），在秸秆碳添加处理下增加了8.6%～68.6%（$Str_{1.0}<Str_{3.0}<Str_{10.0}$）。在小麦最后一个生育期—成熟期，相对于小麦抽叶期，土壤SOC在生物质炭添加处理下增加了5.8%～22.7%，在秸秆$Str_{1.0}$处理下增加了7%；而在$Str_{3.0}$，$Str_{10.0}$和CK处理下SOC没有增加。在秸秆碳添加处理下，相对于CK，SOC的最大增幅出现在小麦第二生育期—拔节期，但在随后的小麦开花

期和成熟期，SOC增幅呈下降趋势。与之相反，在生物质炭添加处理下，相对于CK，小麦各个生育期SOC增幅呈逐渐增加趋势，且增幅与生物质炭添加量呈正比。

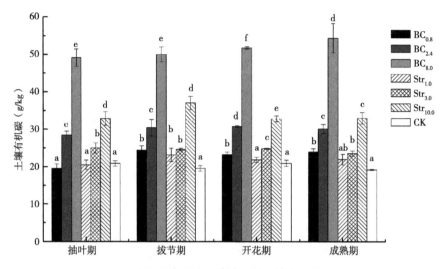

图4-2　生物质炭和秸秆碳输入对土壤有机碳的影响

注：柱形图上方的不同字母表示各处理之间存在显著差异（$P<0.05$）；误差棒为标准误差（$n=3$）。$BC_{0.8}$、$BC_{2.4}$和$BC_{8.0}$分别表示生物质炭的施用水平为0.8%、2.4%和8.0%。$Str_{1.0}$、$Str_{3.0}$和$Str_{10.0}$分别表示秸秆的施用水平为1%、3%和10%。CK是无外源碳对照处理。

4.3.3　土壤微生物量碳（MBC）和溶解性有机碳（DOC）变化

在生物质炭添加处理，相对于对照，小麦各生育期的土壤MBC含量在$BC_{0.8}$和$BC_{2.4}$处理下，分别平均增加了33.6%和9.7%，而$BC_{8.0}$处理则下降了15.6%（图4-3）。在小麦4个生育期里，相对于CK，只有$BC_{0.8}$处理在每个生育期都增加了土壤MBC含量。

小麦各生育期土壤DOC含量在$BC_{0.8}$和$BC_{2.4}$处理下，相对于对照，分别平均降低了27.5%和12.6%，而在$BC_{8.0}$处理DOC含量却增加了24.9%（图4-4）。在秸秆碳输入处理下，呈现出与生物质炭输入截然相反的规律，土壤DOC在小麦不同的生育期增加了21.7%～411%，增加的幅度与秸秆碳输入量呈正比。

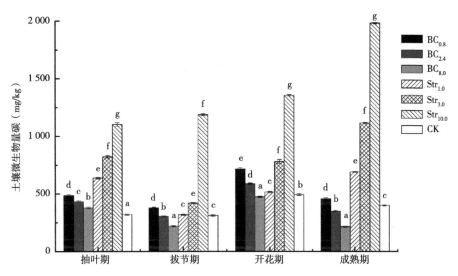

图4-3　生物质炭和秸秆碳输入对土壤微生物量碳（MBC）的影响

注：各柱上方字母为处理间差异性结果（$P<0.05$）。下同。

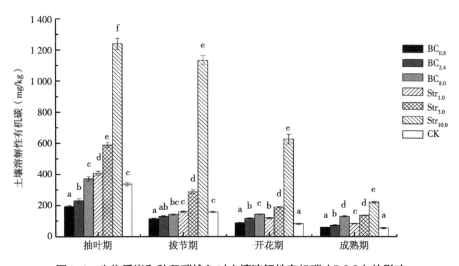

图4-4　生物质炭和秸秆碳输入对土壤溶解性有机碳（DOC）的影响

4.4　讨论

4.4.1　生物质炭和秸秆碳输入对土壤水稳性团聚体（WSA）分布的影响

本研究中，生物质炭输入相对于对照，增加了土壤中大颗粒团聚体

（>0.25 mm）的百分比含量，且增加幅度随生物质炭添加量的增加而增大；而土壤小颗粒团聚体（<0.25 mm）则呈现出相反的规律。这表明生物质炭添加促进了土壤大颗粒团聚体的形成，且主要通过土壤小颗粒团聚体的凝聚作用实现。这一作用也促进了土壤结构的改善，尤其是在高生物质炭添加量的条件下。众所周知的，土壤团聚体是土壤黏粒、粉粒、沙粒以及微生物活动，有机物质等通过电荷和范德华力作用下互相凝聚而成（Chinchalikar et al.，2012；Zhang et al.，2012），且稳定性受土壤中无机和有机物影响较大（Denef and Six，2005）。生物质炭由于其自身的高芳香族物质和高CEC特性，当被输入土壤后促进了土壤矿物颗粒与生物质炭的接触凝聚。Lin等（2012）指出，在生物质炭表面的芳香族物质，可以产生"阳离子桥"，而这种作用产生的阳离子桥促进了土壤颗粒与生物质炭的连接。此外，本研究的土壤团聚体电镜扫描图结果显示，生物质炭的颗粒主要存在于大颗粒水稳性团聚体组分中。这一结果也表明，生物质炭输入条件下，对土壤团聚体形成、土壤结构的改善，主要是通过与土壤大颗粒团聚体的相互作用产生。

秸秆碳输入条件下，土壤小颗粒团聚体的百分比含量显著低于物质炭输入处理，且秸秆输入量越大，小颗粒团聚体含量越低。在秸秆碳最大输入量（10.0%）处理下，土壤大颗粒团聚体含量占土壤总结构体的2/3。Blanco-Canqui和Lal（2007）研究指出，秸秆覆盖处理下，土壤大颗粒团聚体含量显著高于无秸秆处理。大量的秸秆输入，会使得土壤团聚体稳定性增强，土壤WSA在湿筛过程中也较难被破碎分解。此外，秸秆碳的输入也增强了团聚体内部所包含的小颗粒之间的凝聚力，从而使得大颗粒团聚体更难被矿化（Annabi et al.，2007）。

4.4.2　生物质炭和秸秆碳输入对土壤有机碳（SOC）含量的影响

本研究中，相对于无外源碳添加的对照处理，生物质炭输入处理下土壤SOC含量是秸秆碳添加处理的1倍多。这一结果与Woolf等（2010）的研究一致，该研究表明，生物质炭添加后的土壤碳素固定，远远高于非热解有机质材料添加的处理。虽然生物质炭和秸秆碳添加，都可以增加土壤的有机碳含量，但是生物质炭的添加后，土壤的碳素稳定性增强，更不容易被矿化（Wu et al.，2013）。与小麦第一个生育期（抽叶期）相比，在最后一个生育期（成熟期）时，土壤SOC含量在不同水平生物质炭添加量处理下都有所增加；而秸秆添加处理中，土壤SOC

只在低添加量处理下有所增加。

土壤大颗粒团聚体在形成过程中会包含很多有机物质（Denef et al.，2001）。当土壤中有大量秸秆添加时，团聚体包裹更多的有机物质，从而增强了土壤结构体的疏水性，水分很难进入团聚体内部，却使得有机质残渣与大颗粒团聚体黏合得更加牢固（Blanco Canqui and Lal，2007）。由于土壤团聚体的可湿性是有机物质降解的决定因素（Zhang et al.，2007），过多的秸秆碳输入会导致对土壤SOC累积的阻碍作用。相反地，在生物质炭添加处理下，土壤会有更高的大颗粒团聚体分布和团聚体持水性，这是由于生物质炭巨大的比表面积和多孔隙结构造成。即使在生物质炭的高添加量处理下，也没有表现出对于有机碳累积的阻碍作用。

在本研究中，秸秆碳添加处理下的SOC最大增幅，出现在小麦的第二生育期（拔节期），在随后的开花期和成熟期，SOC的增幅逐渐降低；而在生物质炭添加处理下，土壤SOC含量在小麦的4个生育期呈现出逐渐增加的规律，且增加幅度与生物质炭添加量呈正比。这一趋势是由于生物质炭和秸秆碳的稳定性不同造成。生物质炭作为一种稳定且碳素丰度高的材料，当添加进土壤后，对于土壤碳素的固定是一个长期的过程（Liu et al.，2014）。与之相反，秸秆碳相对于生物质炭，可以在短期内被降解。然而在秸秆降解的过程中只有1/3的碳素以SOC的形式保留于土壤，其他2/3的碳素将通过秸秆的腐殖化作用被矿化（Blanco-Canqui and Lal，2007）。因此，在秸秆碳添加的处理中，秸秆在初步分解后，SOC的增加会逐渐变缓；而生物质炭添加处理下，在小麦的后两个生育期，土壤SOC的增加依然呈现出被促进的趋势。

4.4.3 生物质炭和秸秆输入对土壤微生物碳（MBC）和溶解性有机碳（DOC）的影响

在本研究中，生物质炭在0.8%和2.4%添加水平下，增加了土壤MBC的含量，却降低了土壤DOC含量；而生物质炭在8.0%的大量添加下，土壤MBC和DOC含量却呈现出与0.8%和2.4%水平处理完全逆向的规律。相似地，Demisie等（2014）研究表明，在低生物质炭添加水平下，具有最高的土壤MBC含量。适当的生物质炭添加可以为微生物提供合适的碳源和环境，增强了微生物活性，从而促进土壤中有机质的降解（Demisie et al.，2014）；然而，生物质炭的大量添加会增加土壤C/N，导致有机物质的转化速率变慢（Kindler et al., 2011）。这也可能是高MBC含量往往出现在低生物质炭添加处理下土壤的原因，反之亦然。土壤DOC是微生物最主要的碳源，主要通过土壤有机物质的分解过程产生（Huang and Song, 2010）。生物质炭中的碳素是稳定的，相对于秸秆碳，对微生物的活性无明显刺激作用（Wu et al., 2013）。因此，在低生物质炭添加条件下，微生物对于DOC-C源的利用导致了土壤DOC含量的降低，且这种削弱作用随生物质炭添加量的增加（更多DOC-C源输入）而减弱。

然而，在秸秆碳输入条件下，相对于对照，土壤MBC和DOC含量都有所增加，且增加幅度与秸秆碳输入量呈正比。这与Zavalloni等（2011）的研究一致，该研究表明，在生物质炭和秸秆添加处理下的土壤MBC，显著高于无外源碳添加的处理。秸秆碳输入条件下的高MBC和DOC含量归因于秸秆残渣中轻组有机质的分解（Qiu et al., 2015）。在本研究中，秸秆碳添加处理下，土壤最大MBC含量出现在小麦最后的生育期（成熟期）；最大DOC则出现在小麦第一生育期（抽叶期），且含量随生育期的增加而逐渐降低。这可能是由于小麦抽叶期释放的有效性DOC促进了微生物的生长繁殖，以及在秸秆在小麦成熟期后的部分降解造成。

4.5　小结

生物质炭添加有助于半干旱气候区域土壤结构的改善。土壤中生物质炭的输入促进了水稳性大颗粒团聚体的形成，土壤结构的改善作用随生物质炭输入量的增加而增强。与秸秆碳输入相比，生物质炭在粉质黏壤土中具有更强的SOC固定作用。尽管生物质炭的大量输入抑制了土壤微生物的活性（依据MBC），但却显著增加了土壤DOC的含量。过量的秸秆碳输入使得土壤凝聚成大颗粒团聚体。总体而言，稳健的生物质炭输入机制（如2.4%输入水平），具有最佳的土壤结构改善效果，有助于研究区域过剩农业废弃物的无害化处理。由于本研究仅建立在短期的盆栽试验基础上，生物质炭输入对土壤理化性质影响的长期定位大田试验还有待进一步研究评估。

5 生物质炭和秸秆碳输入对土壤酶活性及酶动力学的影响

5.1 研究背景

土壤中酶的来源主要包含三个方面：第一，植物根系的分泌，也有部分认为植物根系结合的微生物是酶的主要来源；第二，微生物的代谢活动，微生物在自身的生命活动过程中会释放出酶，在细胞死亡后也会通过自溶作用，释放出内部的胞内酶；第三，土壤中动物的分泌作用，常见的无脊椎动物，例如蚯蚓、软体动物、弹尾虫等通过对食物的消化，可以产出蛋白酶、纤维素酶、淀粉酶、脂肪酶等多种酶。酶在土壤中的多种生化反应过程中都具有很强的催化作用，有机质的分解与物质循环都无法离开酶的参与。因此，在一定意义上，土壤酶的活性大小也反映着土壤环境中生物化学反应的激烈程度、微生物的活性、养分的动态平衡等，是衡量土壤在外界干扰下，土壤质量变化的重要灵敏指标（Shukla and Varma，2011；曹慧等，2003）。

在农田系统土壤中，有机物的物质循环过程中，离不开脲酶、氧化还原酶、转化酶等酶类的作用。脲酶的专性很强，作用位置为C—N键，酶促反应生成氨、CO_2、水。氧化还原类酶能酶促土壤有机质的氧化，是参与土壤腐殖质形成的重要氧化酶，同时防止土壤中过氧化氢对生物体的毒害作用。转化酶指蔗糖酶等，主要通过水解蔗糖等碳水化合物，产生葡萄糖和果糖。

土壤酶的活性与其所处的环境具有统一性。土壤的水分、有机质含量、温度、pH值都会对酶的催化能力产生影响。某些元素或者化合物会对酶的活性产生增强效应，被称为酶的激活。在一定范围内，土壤中酶基质的增加，可以提高酶的活性。气候、土壤类型、人为管理措施都会直接影响酶的活性。酶促反应所具有的速度规律，以及酶动力学是酶相关研究的重要内容之一，这对于了解酶在有机体内的作用功能，在代谢过程中各个阶段的生物学现象具有重要帮助。酶相对于其他催化剂有相同的地方，也有自身的特异性。所以，酶催化作用的动力学研究，既符合一般动力学规律，也具有其自身的特异性。在研究酶动力学规律时，一般借助于Michaclis和Menten所提出的基本方程，即米氏方程。其中的米氏常数是一个特征值，与酶的浓度大小无关，但与环境因素，例如pH值、温度等外部因素相关。它是酶在土壤中进行相关酶促反应时，与其他因素之间所具有关系的重要判断指标。

从目前的研究来看，生物质炭输入条件下，对土壤酶活性影响的研究较少，大部分研究仅仅关注于其他有机物质输入，对土壤不同种类酶活性在数量上的比较，而对于相应机理上的研究，造成种种活性变化的机理原因并没有深入讨论。而且，生物质炭输入对土壤酶活性大小的影响也存在着不同的看法。有研究认为生物质炭添加，可以促进土壤中与氮和磷转化相关的酶的活性，但是却会抑制与有机碳降解转化相关过程的酶活性（Lehmann et al.，2007）。生物质炭添加降低了土壤纤维素酶活性，且下降幅度随生物质炭添加量的增加而增大；碱性磷酸酶则呈现出截然相反的规律（Jin，2010）。土壤反消化酶的活性可以被生物质炭激活，在连续多年生物质炭添加土壤中，反硝化酶活性显著高于对照处理（Jones et al.，2012）。

生物质炭由于自身的结构特点，往往对土壤酶活性的影响呈现复杂的多面性，它既可能因为强大的吸附能力激发了酶促反应的发生，也可能由于自身所包含的潜在有害物质，如微量元素和芳香族物质等，抑制了酶促反应的进行（Derenne and Largeau，2001；Lehmann et al.，2007）。研究生物质炭对土壤酶促反应的动态影响，对于土壤中有机物质的降解及相关转化机理解释具有重要理论指导意义。

有机肥料、秸秆还田等措施对土壤酶活性的影响已经有不少研究，且大部分关注于水稻或玉米秸秆的输入（高明等，2004；孙瑞莲等，2003）。彭正萍等（2005）研究表明，适量的秸秆还田显著提高了土壤转化酶活性，且与土壤中碳素含量显著相关。正常情况下，秸秆碳的适量输入对于土壤酶活性的提高具有一定促进作用。然而对于秸秆高添加量措施下，酶活性在作物不同生长阶段相应的变化及相关动力学规律的研究还不明了。

因此，本试验假设，生物质炭在小麦发育初期，对土壤酶活性可能会有一定的激发作用，但随着添加量的增加，对土壤酶活性的抑制作用逐渐加强；秸秆碳的过量输入会直接导致相关酶促反应的严重抑制，而当抑制因素解除，酶活性则可能恢复。为验证这些假设，本研究通过对不同水平生物质炭和秸秆碳输入下，小麦各生育期土壤中脲酶、转化酶、过氧化氢酶活性的动态监测，以及收获期根际土壤酶动力学研究，以期探明不同外源碳添加下，土壤微生物活性变化规律和有机物质的转化机理。

5.2　材料与方法

试验设计、研究区概况、土壤基本理化性质详见2.2.2；土样采集及处理、试验指标的测定详见2.2.2.1和2.2.2.2；数据处理详见2.3。

5.3　结果与分析

5.3.1　土壤脲酶活性变化

生物质炭输入条件下，小麦不同生育期土壤脲酶活性如图5-1所示，脲酶活性与生物质炭添加量呈负相关。在小麦抽叶期，$BC_{0.8}$相对于对照显著增加了土壤脲酶活性达22.5%，而$BC_{2.4}$和$BC_{8.0}$处理则降低了脲酶活性，但差异不显著，降低幅度随生物质炭添加量的增加而增大。在小麦拔节期，生物质炭处理都降低了土壤脲酶活性，$BC_{0.8}$、$BC_{2.4}$、$BC_{8.0}$相对于对照依次降低了4.4%、24.1%、10.7%，其中$BC_{2.4}$与$BC_{8.0}$下降显著。在小麦开花期，生物质炭对土壤脲酶活性的降低降幅增大，$BC_{0.8}$、$BC_{2.4}$、$BC_{8.0}$相对于对照依次显著降低了29.2%、27.8%、32.8%。在小麦成熟期，生物质炭添加下各处理则增加了土壤脲酶活性，$BC_{0.8}$、$BC_{2.4}$、$BC_{8.0}$相对于对照依次增加了2.7%、10.3%、10.0%，其中$BC_{0.8}$处理增加差异不显著，$BC_{2.4}$与$BC_{8.0}$处理间差异不显著。

秸秆碳添加条件下，小麦不同生育期土壤脲酶活性变化如图5-2所示。$Str_{3.0}$和$Str_{10.0}$处理在小麦抽叶期、拔节期、开花期、成熟期，都显著增加了土壤脲酶活性，增加幅度在26.0%~190.3%，且随秸秆添加量的增加，增幅逐渐增大。

$Str_{1.0}$处理在小麦抽叶期和开花期，相对于对照，土壤脲酶活性差异不显著；在小麦拔节期和成熟期，相对于对照，脲酶活性分别显著增加了10.9%和20.5%。

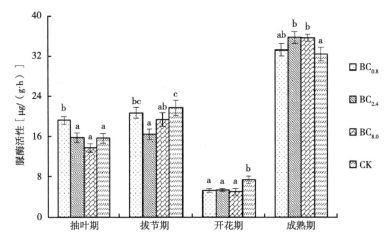

图5-1　生物质炭添加对小麦不同生育期土壤脲酶活性的影响

注：方差分析结果为同一小麦生育期，不同处理间的差异性比较，但为便于比较和作图，将生物质炭和秸秆碳添加与对照分别作图，但差异性标识不变。下同。

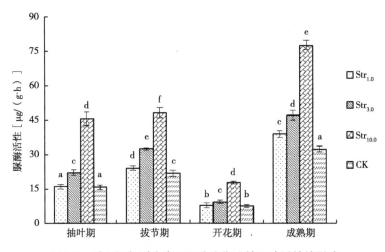

图5-2　秸秆添加对小麦不同生育期土壤脲酶活性的影响

5.3.2　土壤转化酶活性变化

生物质炭输入条件下，小麦不同生育期土壤转化酶活性如图5-3所示。在小麦抽叶期，相对于对照，土壤转化酶活性显著增加了6.9%～32.8%，且转化酶活性的增加幅度随BC添加量的增加而增大（$BC_{0.8}<BC_{2.4}<BC_{8.0}$）。在小麦拔节期，不同生物质炭添加量处理下，土壤转化酶活性呈现出与抽叶期相同的变化规律，$BC_{0.8}$、$BC_{2.4}$、$BC_{8.0}$转化酶活性依次分别增加了12.3%、22.4%、41.5%。在小麦开花期，转化酶活性在$BC_{0.8}$、$BC_{2.4}$、$BC_{8.0}$处理依次分别显著降低了10.6%、9.4%、19.5%。在小麦成熟期，$BC_{0.8}$处理转化酶活性增加了1.8%，但差异不显著；$BC_{2.4}$和$BC_{8.0}$处理则分别降低了2.2%和6.7%，其中$BC_{8.0}$处理差异显著。

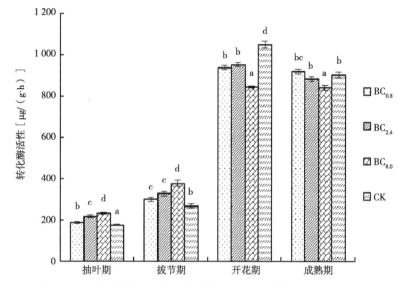

图5-3　生物质炭添加对小麦不同生育期土壤转化酶活性的影响

注：方差分析结果为同一小麦生育期，不同处理间的差异性比较，但为便于比较和作图，将生物质炭和秸秆碳添加与对照分别作图，但差异性标识不变。下同。

秸秆碳输入条件下，小麦不同生育期土壤转化酶活性如图5-4所示。在小麦抽叶期，相对于对照，$Str_{3.0}$、$Str_{10.0}$处理土壤转化酶活性有所下降，但差异都不显著。在小麦拔节期，转化酶活性在$Str_{3.0}$处理显著增加了33.5%，而$Str_{10.0}$和$Str_{1.0}$处理则显著降低了21.8%和25.9%。在小麦开花期，$Str_{10.0}$处理下转化酶活性显著增加了10.0%，$Str_{1.0}$和$Str_{3.0}$则显著下降了3.7%和4.5%。在小麦成熟期，秸秆添加处理都显著增加了土壤转化酶活性，增加幅度依次分别为5.2%、13.8%、31.5%（$Str_{1.0}<Str_{3.0}<Str_{10.0}$）。

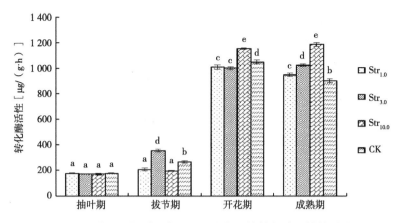

图5-4 秸秆添加对小麦不同生育期土壤转化酶活性的影响

5.3.3 过氧化氢酶活性变化

生物质炭输入条件下，小麦不同生育期土壤过氧化氢酶活性如图5-5所示。在小麦抽叶期，相对于对照，$BC_{0.8}$、$BC_{2.4}$、$BC_{8.0}$处理下过氧化氢酶活性差异不显著。在小麦拔节期和开花期，不同输入量的生物质炭添加处理，相对于对照，过氧化氢酶的活性显著降低了4.0%～11.6%，下降幅度随生物质炭添加量的增大而增加。在小麦成熟期，$BC_{0.8}$、$BC_{2.4}$、$BC_{8.0}$处理下，土壤过氧化氢酶活性依次分别显著降低了19.8%、20.7%、17.8%。

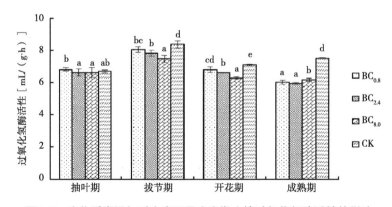

图5-5 生物质炭添加对小麦不同生育期土壤过氧化氢酶活性的影响

注：方差分析结果为同一小麦生育期，不同处理间的差异性比较，但为便于比较和作图，将生物质炭和秸秆碳添加与对照分别作图，但差异性标识不变。下同。

秸秆碳输入条件下，小麦不同生育期土壤过氧化氢酶活性如图5-6所示。在小麦抽叶期，相对于对照，土壤过氧化氢酶活性依次分别显著增加了5.6%、7.3%、8.9%。在小麦拔节期、开花期、成熟期，过氧化氢酶活性相对于对照都有所降低。在拔节期，不同水平的秸秆添加处理差异不显著；在小麦开花期，过氧化氢酶活性在$Str_{1.0}$、$Str_{3.0}$、$Str_{10.0}$处理下分别显著降低了5.5%、3.8%、3.1%。在小麦成熟期，相对于对照，过氧化氢酶活性在$Str_{1.0}$处理下显著降低了6.2%、$Str_{3.0}$和$Str_{10.0}$处理差异不显著。

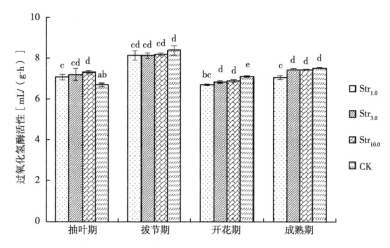

图5-6　秸秆添加对小麦不同生育期土壤过氧化氢酶活性的影响

5.3.4　酶动力学

不同外源碳输入下，土壤脲酶动力学参数如表5-1所示。相对于对照处理，生物质炭$BC_{0.8}$、$BC_{2.4}$、$BC_{8.0}$处理下都增加了K_m值，增幅分别为18.9%、39.3%、26.1%；秸秆$Str_{1.0}$处理K_m增加了61.5%，$Str_{3.0}$和$Str_{10.0}$处理K_m则分别下降了11.1%和8.5%。V_{max}在$BC_{0.8}$处理下降了5.2%，而$BC_{2.4}$和$BC_{8.0}$处理则分别增加了9.3%和19.9%；秸秆$Str_{1.0}$、$Str_{3.0}$、$Str_{10.0}$处理下V_{max}都有所增加（33.4%～38.6%）。

V_{max}/K_m在$BC_{0.8}$、$BC_{2.4}$、$BC_{8.0}$处理下分别下降了21.3%、22.5%、6.1%；$Str_{1.0}$处理下V_{max}/K_m下降了18.3%，$Str_{3.0}$和$Str_{10.0}$处理K_m则分别增加了54.1%和44.6%，k参数在$BC_{0.8}$和$BC_{2.4}$处理下，相对于对照，分别下降了19.3%和1.5%，$BC_{8.0}$则增加了28.9%；$Str_{1.0}$、$Str_{3.0}$、$Str_{10.0}$处理下k分别增加了35.8%、47.5%、3.0%。

整体来讲，生物质炭添加处理下，相对于对照处理，K_m、V_{max}、k参数分别平均增加了28.1%、7.9%、2.7%，V_{max}/K_m平均下降了16.6%；秸秆添加处理下，K_m、V_{max}、V_{max}/K_m、k参数分别平均增加了13.9%、35.3%、26.8%、34.7%。

表5-1　生物质炭和秸秆输入土壤脲酶动力学参数

处理	K_m （mmol/L）	V_{max} ［mmol/（L·h）］	V_{max}/K_m （h）	k （h）
BC$_{0.8}$	1.591	0.070	0.044	0.026 8
BC$_{2.4}$	1.863	0.081	0.043	0.032 7
BC$_{8.0}$	1.686	0.089	0.053	0.042 8
BC均值	1.713	0.080	0.047	0.034 1
Str$_{1.0}$	2.160	0.099	0.046	0.045 1
Str$_{3.0}$	1.188	0.103	0.086	0.049
Str$_{10.0}$	1.223	0.099	0.081	0.034 2
Str均值	1.524	0.100	0.071	0.042 8
CK	1.337	0.074	0.056	0.033 2

不同外源碳输入下，土壤转化酶动力学参数如表5-2所示。相对于对照处理，BC$_{0.8}$、BC$_{2.4}$、BC$_{8.0}$处理下K_m分别下降了19.7%、15.3%、17.1%；Str$_{1.0}$、Str$_{3.0}$、Str$_{10.0}$处理下K_m分别下降了29.4%、9.6%、16.1%。参数V_{max}在BC$_{0.8}$、BC$_{2.4}$、BC$_{8.0}$处理下分别下降了15.9%、12.1%、23.1%；在Str$_{1.0}$处理下降了11.4%，在Str$_{3.0}$和Str$_{10.0}$处理则分别增加了4.8%和9.6%。

V_{max}/K_m在BC$_{0.8}$和BC$_{2.4}$处理分别增加了4.7%和3.7%，在BC$_{8.0}$处理则下降了7.3%；Str$_{1.0}$、Str$_{3.0}$、Str$_{10.0}$处理下V_{max}/K_m分别增加了25.5%、15.9%、30.6%。k参数在BC$_{0.8}$、BC$_{2.4}$、BC$_{8.0}$处理下分别下降了21.3%、1.7%、25.2%；在Str$_{1.0}$和Str$_{10.0}$处理下分别增加了31.2%和9.3%，在Str$_{3.0}$处理则下降了0.7%。

整体来讲，生物质炭添加处理下，相对于对照，K_m、V_{max}、k参数分别平均下降了17.3%、17.0%、16.1%，V_{max}/K_m平均增加了0.4%；秸秆添加处理下，K_m平均下降了18.4%，V_{max}、k、V_{max}/K_m参数则分别平均增加了1.0%、24.0%、13.2%。

表5-2　生物质炭和秸秆输入土壤转化酶动力学参数

处理	K_m （mmol/L）	V_{max} ［mmol/（L·h）］	V_{max}/K_m （h）	k （h）
$BC_{0.8}$	4.248	0.872	0.205	0.162 3
$BC_{2.4}$	4.480	0.910	0.203	0.202 7
$BC_{8.0}$	4.384	0.797	0.182	0.154 2
BC均值	4.371	0.860	0.197	0.173 1
$Str_{1.0}$	3.731	0.918	0.246	0.270 5
$Str_{3.0}$	4.782	1.086	0.227	0.204 7
$Str_{10.0}$	4.435	1.135	0.256	0.225 3
Str均值	4.316	1.046	0.243	0.233 5
CK	5.288	1.036	0.196	0.206 2

5.4　讨论

5.4.1　生物质炭和秸秆碳输入对小麦各生育期土壤酶活性的影响

5.4.1.1　土壤脲酶活性变化

由土壤脲酶活性变化发现，小麦生长初期，生物质炭的低量添加（0.8%）显著促进了脲酶活性的增长，而3%和10%添加处理则无显著影响。随着小麦的逐渐生长，生物质炭添加逐渐对土壤脲酶活性产生抑制作用。在小麦拔节期和开花期，生物质炭对脲酶活性的抑制强度随添加量的增大而增强。就像普遍认为的，生物质炭的添加为土壤中微生物提供了有利的生长微环境，促进了相关酶活性的增长。但小麦生长旺盛的拔节期和开花期，由于作物生长与微生物自身代谢作用，对于氮素的竞争作用剧烈，从而使得脲酶底物含量降低，生物质炭对脲酶活性的抑制作用加剧。然而这种抑制作用在小麦收获期开始减弱，脲酶活性出现增长，相对于对照，脲酶活性在生物质炭较高添加量下（3%和10%添加处理）增幅较大。随着作物生长的减慢，微生物与作物对于脲酶底物的竞争作用减弱，生物质炭对于脲酶活性的促进作用逐渐显现出来。生物质炭对脲酶活性的增强主要归因于其较高的CEC，研究表明，土壤脲酶活性与阳离子交换量呈显著正相关（Zantua et al.，1977）。

秸秆添加在小麦的4个生育期都明显增强了土壤脲酶活性，且增加幅度与秸秆添加量呈正比。秸秆在最大量（10%）添加处理下的脲酶活性相对于对照增加了近2倍。脲酶是专一性很强的酶类，作用于C—N键，秸秆的输入提供了丰富的酶促反应底物，且随着秸秆的初步分解，微生物活性增大，对酶活性的激发作用也进一步增强。徐国伟等（2009）研究也指出，秸秆还田措施下，土壤脲酶活性显著高于无秸秆还田处理。

5.4.1.2　土壤转化酶活性变化

在小麦抽叶期和拔节期，生物质炭的不同处理都显著增加了转化酶活性，且添加量越大，增幅越大。这是由于生物质炭的多孔隙结构为微生物的代谢生长提供了良好的小环境，促进了真菌菌根菌丝的生长，表现出对转化酶活性的激发效应。在小麦开花期和成熟期两个生育期，过量的生物质炭添加（8%）都显著降低了土壤转化酶活性，而0.8%和2.4%添加处理差异不显著。这是由于转化酶活性与土壤呼吸作用强度有着直接关系，生物质炭的过量添加，使得土壤中有机碳的稳定性增强，碳素矿化作用显著降低（Middelburg et al.，1999；Zhang et al.，2005），从而抑制了转化酶的活性，而较低添加量时抑制作用不明显。除此之外，在小麦生长旺盛的后期，作物对土壤中有机物和水分的需求增大，而生物质炭的大量输入则由于强吸附作用将微生物及真菌菌丝、孢子等束缚在结构内部，使得作物与土壤微生物之间竞争作用加剧，土壤中转化酶活性降低。

秸秆过量添加（10%）在拔节期显著降低了土壤转化酶活性，但在小麦生长后期（开花期、成熟期）则显著增加了转化酶活性。秸秆1%和3%添加处理仅在开花期表现出对转化酶活性显著增加作用。转化酶与土壤中有机质的分解关系密切，在小麦生长初期，秸秆初步分解自身的易降解成分，与作物生长产生的竞争关系抑制了转化酶的活性，随着秸秆的逐渐降解，土壤中的有机质分解产物又促进了转化酶活性的增加。秸秆的少量添加在小麦开花期基本分解完全，土壤体系达到新的平衡状态；而过量添加处理则在小麦生长后期仍具有一定的转化酶活性促进作用。

5.4.1.3 土壤过氧化氢酶活性变化

土壤过氧化氢酶的变化显示，在小麦抽叶期相对于对照，生物质炭添加的影响作用不显著。但随着小麦的生长，在拔节期、开花期、成熟期土壤过氧化氢酶活性显著降低，且降低幅度与生物质炭添加量呈正比。在小麦成熟期，土壤过氧化氢酶活性相对于其他生育期，降低幅度最大。过氧化氢酶与土壤中氧化还原反应紧密联系。本研究中，生物质炭的输入对土壤中碳水化合物的分解具有减缓作用，碳素在土壤中存留时间变长（Novak et al.，2009）。添加生物质炭导致土壤有机碳的稳定性增强，从而使过氧化氢酶活性降低。

秸秆添加后，相对于对照，在小麦生长初期（抽叶期），过氧化氢酶活性显著增加，且与秸秆添加量呈正比。但是在小麦随后的生育期（拔节期、开花期、成熟期），过氧化氢酶活性则呈现下降的趋势。这可能与作物生长以及小麦生长后期作物根际微生物活性降低有关。研究表明，小麦秸秆在作物生长第一个月出现腐解高峰，土壤有机酸含量增大，土壤酸性的增强会直接抑制过氧化氢酶的活性（徐国伟等，2009）。

5.4.2 生物质炭和秸秆碳输入下的土壤脲酶动力学

在酶动力学研究中，K_m是土壤中酶与对应底物的亲和指数，即土壤中酶与底物结合的牢固程度指标。K_m值越大，则结合能力越低，底物与酶很难形成复合物；K_m值越小，则土壤酶和底物之间亲和能力越强，容易形成酶与底物的复合物。K_m的大小通常受土壤质地和土壤有机质含量的影响较大。本研究中，脲酶K_m参数相对于对照，在生物质炭各添加水平（0.8%、2.4%、8.0%）都明显较高，秸秆少量添加（1%）在所有处理中K_m值最高，即底物与脲酶亲和度最低，难形成酶-底物复合体。而秸秆较大量添加（3%和10%）处理K_m较小，易形成酶-底物复合物，其中以3%秸秆添加处理最为突出。对于脲酶而言，生物质炭的多孔隙结构及强吸附力，将土壤中的速效氮牢牢吸收在结构内部（张文玲等，2009），降低了脲酶与底物的接触概率，难形成酶-底物复合体。这也说明了生物质炭添加对于土壤具有更好的脲酶持久性。因为，酶在土壤中被保护起来的时间越长，酶的活性也就较难减弱，即酶的持久性越高；反之，则酶被钝化的可能性越大。而秸秆大量添加，在分解产生的腐殖酸的作用下，随着秸秆添加量的增大，土壤颗粒与酶的吸附作用加强（邱莉萍等，2004）。过量的秸秆输入（10%）处理在本研究中，酶与底物的亲和力小于3%添加水平，也说明过量添加易造成生物质的浪费。

V_{max}参数表征酶和对应底物产生复合物及分解能力和速度，即表征了土壤中酶促反应的潜在容量。本研究中，随生物质炭添加量的增加，脲酶V_{max}参数逐渐增大，即生物质炭的添加增加了土壤中脲酶的酶促反应的潜在容量。这与生物质炭添加提高了脲酶在土壤中的持久性有关，使得脲酶活性产生较长时间内的缓慢释放作用（周礼恺等，1981）。而秸秆添加后，在不同添加量下V_{max}值相似，说明秸秆的过量相对于少量添加，对土壤脲酶容量没有明显的增加促进作用。当然，这并不表明秸秆添加对原土壤脲酶的酶促反应无作用。相对于生物质炭添加和对照处理，秸秆添加后的V_{max}值都远远大于两者。

V_{max}/K_m参数表征土壤中酶催化能力的强弱，比值越大则催化能力越强。本研究中，生物质炭添加都明显降低了V_{max}/K_m参数，即土壤中脲酶的催化能力受到了抑制。尚杰等（2015）的研究也指出，在沙质土壤中，脲酶活性随生物质炭添加量的增大而逐渐减小。而秸秆大量添加（3%和10%）则明显提高了脲酶的催化能力。这是由于秸秆的大量添加，其分解过程给土壤中引入了充足的有效氮，脲酶活性增大，催化能力增强。

k值表征酶促反应的本质快慢程度。本研究中，生物质炭少量（0.8%）添加处理明显降低了酶促反应的速度，但随生物质炭添加量的增大，k明显增大，酶促反应速度提高。这可能是由于生物质炭对于脲酶活性的缓慢释放有关，随着作物根系的生长，生物质炭中脲酶的活性逐渐被激发。秸秆添加处理都增大了土壤酶促反应的速度，但过量添加时（10%），促进作用十分微小；却在3%添加处理中，反应速度最大。这与K_m参数的规律一致，说明过量秸秆添加会造成生物资源的浪费，脲酶促反应速度相比于原土，并没有受到明显促进。

5.4.3 生物质炭和秸秆碳输入下的土壤转化酶动力学

生物质炭或秸秆添加都明显增加了土壤转化酶和底物的亲和程度，其中生物质炭2.4%添加在所有生物质炭处理中，底物和转化酶亲和程度最高。秸秆少量添加（1%）在所有外源碳添加处理中酶-底物亲和力最高。说明生物质炭2.4%添加水平最有助于转化酶-底物复合体的形成；而秸秆少量添加相对于生物质炭添加，具有更高的转化酶-底物亲和程度。这是由于秸秆的少量添加措施，相对于生物质炭，会产生更多的易降解脂肪族组分，促进了转化酶与底物的结合。而生物质炭的过量添加，对于土壤中有机物的转化效果来讲，反而弱于2.4%添加水平。尚杰等（2015）的研究也指出，生物质炭的大量添加，相对于其他添加水平，转化酶活性没有显著差异。

生物质炭所有添加处理及秸秆的少量添加，都降低了土壤转化酶的酶促反应潜在容量。说明外源碳或养分的添加，对土壤中酶活性的影响会因为酶种类的不同而产生变化。秸秆添加量在3%以上时，转化酶-酶促反应潜在容量出现增加。说明秸秆在3%水平添加时，转化酶对于有机物质的分解潜在容量较大，有机物质分解空间较大。这与转化酶动力学的k参数规律相互一致。k值在秸秆少量输入条件下数值较大，有机质与转化酶反应速度较快；而在3%秸秆输入条件下则明显降低，即酶促反应受到抑制。薛立等（2003）研究指出，土壤转化酶与土壤有机碳循环紧密联系，受土壤中易溶性物质影响较大。生物质炭不同水平的添加，都抑制了转化酶-酶促反应的速率，有机物降解速度减慢，碳素在土壤中保存时间变长。

生物质炭的过量添加（8%）降低了转化酶的催化能力（V_{max}/K_m），而在较少添加量时则表现出一定的促进作用。秸秆的不同添加措施，使得转化酶的催化能力都明显增强。这是由于生物质炭的少量添加，由于其自身包含的脂肪族组分是容易被分解转化的，刺激了转化酶的催化能力。而当大量输入时，这种催化作用便会被其强吸附能力掩盖，在土壤环境达到一个新的物质循环平衡状态时，这种催化能力可能会进一步表现出来。由于本研究建立在1年的盆栽试验基础上，对这一机理解释还需要进一步的长期大田试验来验证。

5.5　小结

生物质炭添加逐渐对土壤脲酶活性呈现先激发后抑制的规律。在小麦生长后期，抑制作用开始减弱，土壤环境达到新的平衡，脲酶活性出现增长。而秸秆添加在小麦的4个生育期都明显增强了土壤脲酶活性，且增加幅度与秸秆添加量呈正比。

小麦生长初期，生物质炭添加增大了转化酶的活性，且添加量越大，增幅越大。在小麦生长后期，过量的生物质炭添加（8%）显著降低土壤转化酶活性，造成生物质材料的浪费。秸秆添加对转化酶活性影响，取决于土壤中有机物的分解程度，当有机物质腐解程度达到最高峰时，土壤转化酶活性最大。

随生物质炭的添加量增大，对土壤过氧化氢酶的活性的抑制作用逐渐增强。秸秆添加后，过氧化氢酶活性呈现先增加后降低的趋势，且变化幅度与秸秆添加量呈正比。

生物质炭添加促进了土壤脲酶-底物复合体的形成。秸秆3%输入水平下，土壤脲酶与底物的亲和力最大。生物质炭添加增大了土壤中脲酶酶促反应的潜在容量。秸秆添加后土壤脲酶潜在容量高于生物质炭添加，而过量的秸秆输入则会导致秸秆资源的浪费。生物质炭添加抑制了脲酶的催化能力，增大了脲酶在土壤中的存留时间，而秸秆添加却呈现相反的作用。随生物质炭添加量的增大，酶促反应速率提高；而秸秆在3%添加水平下，酶促反应速率最大。

生物质炭或秸秆添加都明显增加了土壤转化酶和底物的亲和程度，秸秆在1%添加水平下，酶和底物的亲和力高于所有生物质炭添加处理。在所有生物质炭处理中，2.4%添加底物和转化酶亲和程度最高。生物质炭的过量添加（8%）降低了转化酶的催化能力，及土壤转化酶的酶促反应潜在容量。秸秆在3%水平添加时，转化酶对于有机物质的分解潜在容量较大。在秸秆少量输入条件下，有机质与转化酶反应速度较快。

6 生物质炭和秸秆碳输入下土壤有机碳官能团特征

6.1 引言

红外吸收带的位置和强度变化是鉴定有机质化合物结构的重要手段。近20年来，红外光谱分析技术与化学计量学的结合为土壤学研究提供了新的途径（Rinnan and Rinnan，2007）。土壤学对红外透射光谱技术的应用最早是用于腐殖质的研究中。在后来的土壤组分分析中进一步引入了其他的分析方法，从而使得该技术从定性分析向定量分析的跨度（Zimmermann et al.，2007）。在土壤学研究中使用较多的是近红外区域的光谱（400～4 000 cm⁻¹波段），近红外中主要反映的是C—H、O—H、N—H、S—H等基团的有关的结构、组成、性质信息，这一区域的光段能量较高，可以对特征基团产生较好的激发，在土壤结构和性质研究中应用较多。

在红外透射光谱的研究中，一般采用的KBr压片法应用于土壤腐殖质、CaCO₃、芳香族等组分的测定分析（Tatzber et al.，2007）。但由于仅仅依靠红外光谱只能达到对土壤有机碳官能团的定性分析，无法进行量化的比较，这样对于土壤有机碳的分布、固定机制、化学稳定性等方面无法具体评估。因此，红外光谱的主成分分析（PCA）就显得十分重要（Rezende et al.，2009；Du and Zhou，2011）。

在主成分分析中第一和第二、第三主成分往往携带了80%以上的信息，其主成分分布可以用来表征土壤的性质，而其他主成分分布的代表性则不可靠。主成分分析所匹配的主成分载荷峰图，可以清楚地表示出主成分物质所处的光波区域，从而显示出对应的土壤官能团物质，达到主成分的确定。

目前，对于土壤外源碳输入的研究，大部分关注于对土壤结构、有机碳累积、作物产量等宏观指标的量化研究。而对土壤有机碳的化学稳定性机制，以及有机碳官能团类型和含量的动态变化还缺乏系统的评价。因此，本试验通过对生物质炭和秸秆碳的不同添加水平下，土壤有机碳官能团傅立叶红外光谱数据的测定分析，以期揭示不同外源碳在腐殖化过程中有机碳组成和性质的变化规律，为生物质炭添加下土壤有机碳化学稳定机制提供理论依据。

6.2　材料与方法

试验设计、研究区概况、土壤基本理化性质详见2.2.2；土样采集及处理、试验指标的测定详见2.2.2.1和2.2.2.2；数据处理详见2.3。

6.3　结果与分析

6.3.1　土壤有机碳官能团分布

在生物质炭和秸秆碳输入下，土壤有机碳官能团在400～4 000 cm^{-1}波段的近红外吸收峰如图6-1和图6-2所示。在土壤有机碳对应官能团图谱（表6-1）中，对试验所得光谱图进行匹配，可以看出，在生物质炭和秸秆碳输入下，土壤中有机碳官能团呈现完全相同的吸收峰。其中，可以观测到的有机碳官能团吸收峰包括：多糖C—O的伸缩振动（1 085 cm^{-1}）；脂肪族碳的CH$_3$、CH$_2$变形振动（1 435 cm^{-1}）；芳香族—C官能团（1 630 cm^{-1}）；酚类—OH伸缩振动（3 425 cm^{-1}）。

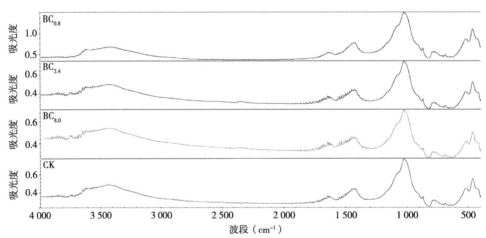

图6-1　在生物质炭输入下，土壤有机碳官能团近红外（400～4 000 cm^{-1}波段）吸收光谱

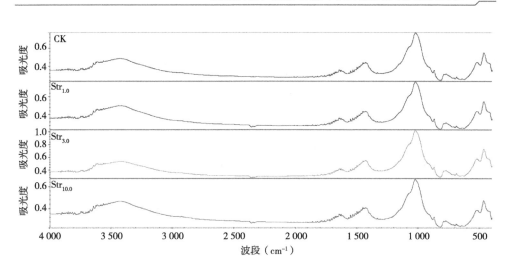

图6-2　在秸秆碳输入下，土壤有机碳官能团近红外（400～4 000 cm⁻¹波段）吸收光谱

表6-1　土壤有机碳官能团近红外（400～4 000 cm⁻¹波段）吸收峰匹配表

波段（cm⁻¹）	土壤有机碳官能团
875	CO_3^{2-}
925	羧基O—H的面外弯曲振动
1 025	硅酸盐
1 085	多糖C—O
1 170	醇—C官能团
1 435	脂肪族碳的CH₃、CH₂变形振动
1 490	饱和烷烃—CH
1 630	芳香族碳官能团
1 875，1 790	酮—C官能团
2 515	羧基碳的—OH
2 980，2 870	脂肪族碳的CH₃、CH₂伸缩振动
3 425	酚类、—OH的O—H振动、N—H

6.3.2 红外光谱主成分分析（PCA）

在生物质炭和秸秆碳输入下，土壤光谱的主成分分析如图6-3所示。通过对原始的样品红外光谱进行矩阵的正交分解处理，便会得出若干主成分及其对应的向量得分，从而达到降维的作用，便于定量分析。本试验中，通过主成分分析，PC1（第一主成分）、PC2（第二主成分）、PC3（第三主成分）的向量得分分别为：86.9%、12.9%、0.2%，三者的得分累积总和大于90%，可以较好反映原始光谱维度下的矩阵。但是，由于第一个主成分携带的信息较高，是一个综合性指标，很难表征土壤特定参数和处理产生的效应，因此采用PC2和PC3来进行主成分分析。

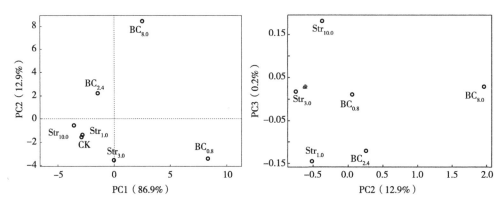

图6-3 不同外源碳添加处理的红外光谱主成分分析

由图6-3可以看出，生物质炭处理明显区别于秸秆处理，不同水平生物质炭添加量处理间也有明显差异。秸秆碳在3%添加水平主成分分析与对照基本相似，在1%和10%水平差异明显。PC3得分向量的正值主要包括秸秆碳3%、秸秆碳10%、生物质炭0.8%和生物质炭8.0%处理；PC3得分向量负值主要包括秸秆碳1%和生物质炭2.4%处理。

图6-4中，PC3正值峰所处波段主要包括650～1 000 cm^{-1}、1 200～1 300 cm^{-1}、1 600～1 750 cm^{-1}，依次分别对应烯烃类碳、脂肪族碳、芳香酮；PC3的主要负值峰包括1 000～1 100 cm^{-1}和3 450～3 500 cm^{-1}，依次分别对应酯类C—O—C基团、土壤黏粒—OH的吸收带。

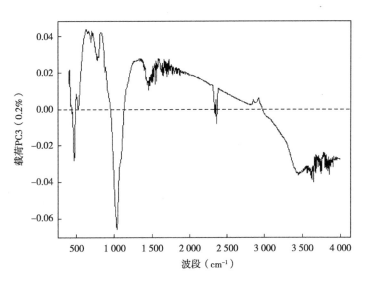

图6-4　第三主成分（PC3）载荷图

PC2得分向量的正值主要包括0.8%、2.4%、8.0%的所有生物质炭添加处理，PC2得分向量负值主要包括1.0%、3.0%、10.0%的所有秸秆碳添加处理。图6-5中，PC2正值峰所处波段主要包括700～900 cm^{-1}、1 250～1 360 cm^{-1}、1 600～1 750 cm^{-1}，依次分别对应芳香族C—H基团、芳香族胺基、芳香酮；PC2的主要负值峰包括1 000～1 100 cm^{-1}，对应酯类C—O—C基团。

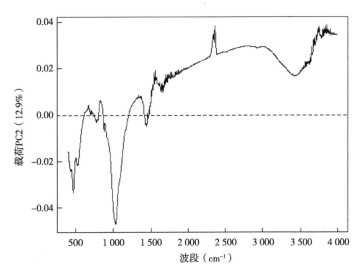

图6-5　第二主成分（PC2）载荷图

6.4 讨论

由红外吸收光谱图可以看出，在小麦季的短期过程中，相对于无外源碳添加的对照处理，生物质炭或秸秆碳添加处理后，土壤并没有因此产生新的有机碳官能团。这也说明，在高热解温度下产出的生物质炭，即使在大添加量的处理下，也没有对土壤有机碳的化学组成产生改变。李婷等（2012）通过对不同有机质还田量下，土壤团聚体官能团的研究发现，0.25～0.5 mm、0.5～1 mm、1～2 mm、2～5 mm、>5 mm粒级团聚体中官能团种类完全一致，而<0.25 mm粒级也与原土中有机碳官能团一致。

通过对红外吸收光谱的主成分分析（PCA）可以发现，生物质炭添加是芳香族C—H碳、芳香族胺基、芳香酮、酯类的主要来源之一，促进了土壤中芳香族碳和酯类的累积。这是由于生物质炭在高温热解制备条件下，含有较高的芳香族物质，在输入土壤后与土壤大颗粒结合，致使芳香族碳累积于土壤中，而生物质炭添加也促进土壤原有有机质的降解（木质素、纤维素等），即"共代谢作用"，也会形成更多的芳香-碳和羧基-碳。张葛等（2016）的研究结果与本研究一致，生物质炭添加后，土壤胡敏酸的缩合度和芳香性增强，氧化度降低。

与之相比，秸秆碳添加是烯烃类碳，以及土壤多糖的主要来源。这是由于秸秆在腐解过程中主要向土壤中释放碳水化合物，从而使得烯烃类、多糖含量较多。彭义等（2013）通过对不同秸秆覆盖下土壤红外光谱特征研究发现，秸秆处理下，土壤中碳水化合物、氨基化合物含量较多，而脂肪族，芳香族物质含量较少。

由PC3载荷峰图可以看出，在秸秆碳1%和生物质炭2.4%输入处理下，土壤黏粒—OH出现了较强的载荷峰，说明秸秆碳的少量输入以及生物质炭在2.4%输入水平下，促进了土壤颗粒的凝聚作用，且强于其他外源碳添加处理，具有更好的土壤结构改良作用。这一规律与生物质炭的结构特性及秸秆碳的部分降解作用有关，由主成分分析可以看出，生物质炭是土壤芳香族类官能团的主要来源，而芳香族基团恰恰促进了土壤颗粒与有机和无机物质的凝聚，而生物质炭高CEC和巨大的比表面积也促进了这一作用，加剧了大颗粒团聚体的形成，从而改善土壤结构。花莉等（2012）通过对生物质炭添加后土壤腐殖质和生物质炭的红外光谱及电镜扫描发现，生物质炭添加促进了有机大分子的形成（芳烃、酯类等），增加了腐殖质的缩合度。而少量秸秆碳输入下，在秸秆部分降解过程中产生的腐殖酸作用下，促进了土壤团聚体的形成，而不会因为秸秆过量输入产生土壤结构的恶化。

6.5　小结

　　生物质炭和秸秆碳输入，相对于原土，虽然没有改变土壤中有机碳官能团的种类，但却改变了不同有机碳官能团的组成比例，即改变了土壤有机碳的化学稳定性。在有机碳的化学组成中，芳香族碳属于稳定性大分子有机碳，而脂肪族碳，醇类碳等则属于高活性有机碳组分。生物质炭添加后，是土壤芳香族C—H碳、芳香族胺基、芳香酮、酯类等碳的主要来源；秸秆碳的添加，是土壤烯烃类碳以及土壤多糖的主要来源。秸秆碳1%和生物质炭2.4%添加水平下，土壤黏粒—OH出现较强的载荷峰，即两者对于土壤结构的改善作用强于其他外源碳添加模式。

7 生物质炭和秸秆碳输入对土壤有机碳库矿化作用的影响

7.1 引言

土壤有机质在全球碳素平衡过程中扮演着十分重要的角色。它主要包括土壤中各种动植物残体、微生物分解和代谢的诸多有机产物，是提高土壤肥力特性的主要途径。我国农田系统耕地的现状是有机质含量普遍较低，将秸秆等有机物材料添加入土壤，成为改善这一问题的可行措施。任何事物都具有两面性，外源有机碳的添加也不例外。秸秆添加虽然提高了土壤中有机碳的含量（Lennart，2006），减少了因秸秆焚烧产生的大气污染，是我国积极推广的农田管理措施。劳秀荣等（2002）研究表明，秸秆还田对于土壤理化性状的改善具有显著效果。除此之外，秸秆还田在促进微生物生长（Li et al.，2008），有机碳转化等方面都有积极的效果（胡正华等，2010）。然而，秸秆的添加也产生了新的问题，如温室气体的排放，它是由土壤有机物在微生物的作用下，通过氧化还原反应分解释放出CO_2、水和能量的矿化过程产生的。秸秆还田也由此成为温室气体重要的一个源。因此，人们开始寻求控制这一趋势的方法，增加农田系统中碳素的沉降，从而减缓温室气体的排放。Lehmann（2007）指出，植物通过光合作用吸收CO_2，合成碳水化合物储存在植物体内，通过热裂解技术将这些植物体热解处理，炭化后（即生物质炭）可重新施入土壤中，具有很强的碳封存作用。

生物质炭是通过生物质在完全或者部分少氧的条件下，高温热解产生的具有丰富孔隙结构、高度芳香化、难降解的稳定材料（Antal，2003）。它的来源很多，例如废弃农业生产材料、木材、动物粪便等。人们发现，生物质炭由于其自身的特殊结构和理化特性，不仅可以有效控制碳素在土壤中的排放（Fang et al.，2014；Case et al.，2014），对土壤结构的改善也具有显著作用（Hardie et al.，2014；Sun et al.，2014）。也有研究发现，生物质炭可以增加作物产量，固定重金属及其他污染物在土壤中的迁移（Laghari et al.，2016；Cabrera et al.，2014；Rees et al.，2014）。由于制备工艺的不同，生物质炭也会表现出不同的性质（王茹等，2013）。而生物质炭的这些特性，也决定了其在土壤中发挥的作用和稳定性大小（陆海楠等，2013）。一般来讲，生物质炭被认为是一类惰性碳库，即使经历多年的地质循环过程，仍然可以保持其在土壤中碳汇的作用（Ling et al.，2008）。对于这种稳定性，有研究认为是源于其结构中芳香环和烷基结构的紧密堆积（张旭东等，2003）。

生物质炭具有的稳定性，在土壤碳固定方面有出色的表现。Liu等（2011）、Spokas等（2009）研究了不同生物质炭及添加比例对土壤呼吸的影响，发现生物质炭输入可抑制土壤CO_2的释放。Liu等（2011）发现虽然土壤CO_2累计释放量随着生物质炭施用量的增加而减少，但差异并不显著。然而，也有研究发现，生物质炭的输入提高了土壤呼吸速率，促进了CO_2的排放。Rogovska等（2008）研究发现，生物质炭加快了土壤腐殖质分解，导致CO_2释放量增加。Knoblauch等（2008）强调，施用稻壳炭（质量比为2.5%）略微促进了土壤CO_2的产生。这些不一致的结果与生物质炭输入后，培养时间较短，生物质炭的激发效应，以及生物质炭种类有紧密联系。因此，作为惰性碳源，研究其在土壤中较长时间内对土壤碳库循环的影响就显得十分必要。而随着生物质炭秸秆炭化技术的进一步发展，生物质炭应用于农业生产上的固碳减排效果及最佳施用量也成了亟待解决的问题之一。

生物质炭在输入土壤后对土壤碳库的影响，离不开与土壤中结构体的紧密联系。而很多研究中都将两者独立开来，这样对相关问题的研究就呈现出很多的不一致结果，这有碍于研究结果的客观性。土壤团聚体的形成是一个非常复杂的物理、化学与生物相互作用的动力学过程，是植物区系、土壤母质、气候和农业管理措施等多因素相互作用的综合效应（Martens et al.，1992）。Lal等（1997）等认为，团聚体的形成过程是土壤固碳的主要途径之一。良好的团聚结构可以使保护其内部的有机碳免受微生物的分解，从而增加了土壤有机碳的稳定性。生物质炭由于具有发达比表面积及丰富的表面冠能团，因此输入到土壤中能够和土壤矿物形成有机-矿物复合体，生物质炭存在于团聚体内，可以降低土壤微生物的分解作用而长期保存在土壤中。已有研究表明，生物质炭添加可提高各粒级团聚体中的有机碳含量，尤其是大颗粒团聚体（付琳琳等，2013；朱捍华等，2008）。不同粒级的团聚体因其孔径分布、黏结性等存在差异，因此导致其在土壤中的稳定性不同，而包被其内的有机碳表现出不同的氧化稳定性。

因此，本研究通过对不同外源碳（生物质炭、秸秆碳）不同水平等碳量添加下，土壤有机碳矿化、结构体中易氧化有机碳等碳库，对210 d内的变化情况进行测定，并通过双碳库指数模型进行拟合，从而尽可能全面揭示外源有机碳在土壤中的矿化规律，以期为土壤不同外源碳添加后，土壤碳素累积与温室气体排放控制的有效平衡提供科学理论支持。

7.2 材料与方法

试验设计、测定方法、双碳库指数模型详见2.2.3、2.2.3.1和2.2.3.2；数据处理详见2.3。

7.3 结果与分析

7.3.1 生物质炭和秸秆碳输入对土壤有机碳的影响

图7-1为生物质炭和小麦秸秆输入对土壤有机碳的影响。有机物料输入均可以显著增加土壤有机碳的含量，生物质炭输入随着添加比例的增加，土壤有机碳含量呈现增加的趋势，与对照相比，分别增加了50.72%、113.52%和319.38%，不同添加比例之间差异达到显著水平。小麦秸秆输入随着添加比例的增加，土壤有机碳呈现先减少后增加的趋势，$Str_{3.0}$处理对土壤的增幅最大，达到183.33%。生物质炭与玉米秸秆相同碳量添加条件下，生物质炭对土壤有机碳的增幅更大（$BC_{0.8}$和$Str_{1.0}$除外），且差异达到显著水平。这也说明，在相同含碳量条件下，生物质炭能更有效地增加土壤有机碳的含量。

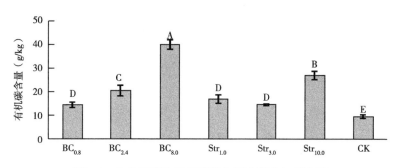

图7-1　生物质炭和秸秆碳输入下土壤有机碳含量

7.3.2　生物质炭和秸秆碳输入对土壤CO$_2$累积释放量的影响

图7-2为有机物料输入对土壤CO$_2$累积释放量的影响。秸秆输入土壤明显增加了土壤CO$_2$的释放，并且随着添加量的增加，CO$_2$累积释放量呈现显著增加的趋势，在培养210 d，Str$_{1.0}$、Str$_{3.0}$及Str$_{10.0}$相对CK而言，CO$_2$累积释放量分别增加了139.50%、378.22%及631.03%，且不同处理之间差异均达到显著水平。而就生物质炭而言，随着添加比例的增加，CO$_2$累积释放量呈现先降低后升高的趋势，BC$_{8.0}$处理CO$_2$累积释放量较高，与对照相比，低施用量下生物质炭降低了土壤CO$_2$释放，仅在8.0%（BC$_{8.0}$）的施用下促进了土壤CO$_2$释放，培养210 d后，BC$_{0.8}$、BC$_{2.4}$及BC$_{8.0}$处理相对CK而言，CO$_2$累积释放量变化范围在−5.04%、−8.08%及26.19%（负号表示减少）。生物质炭和小麦秸秆相同碳含量条件下，秸秆添加可显著增加土壤CO$_2$累积释放量。

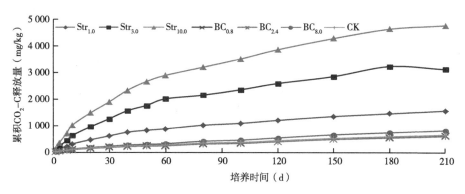

图7-2　在生物质炭和秸秆碳输入下土壤CO$_2$累积释放量

7.3.3 生物质炭和秸秆碳输入下土壤有机碳库及半衰期

通过双库模型拟合有机物料输入土壤后土壤有机碳的矿化特征，并通过土壤惰性碳库的分解速率计算土壤有机碳库的半衰期（表7-1）。各个处理的 R^2 值变化在0.984 4～0.999 4，说明双库模型能够很好地拟合土壤碳库的矿化特征，具有较高的匹配度。与对照相比，秸秆碳输入增加了土壤活性碳库（A_1），并且随着施用量的增加而增加，$Str_{1.0}$、$Str_{3.0}$ 及 $Str_{10.0}$ 处理相对CK而言，分别增加了451.03%、797.37%和1 179.49%。而就生物质炭输入而言，$BC_{2.4}$ 处理降低了土壤活性有机碳库，与对照相比，下降了8.02%，$BC_{0.8}$ 及 $BC_{8.0}$ 处理增加了土壤活性有机碳库，分别增加了4.84%和380.40%。秸秆碳输入降低了土壤惰性碳库含量，其中 $Str_{3.0}$ 处理惰性有机碳库含量最低（2.93 g/kg），$Str_{10.0}$ 处理最高（4.66 g/kg），而生物质炭输入则增加了土壤惰性有机碳库的含量（$BC_{8.0}$ 除外），$BC_{2.4}$ 处理下，土壤惰性有机碳库显著增加。秸秆碳输入条件下，活性有机碳库的增加及惰性有机碳库的降低使得活性有机碳库占（A_1+A_2）的比例显著增加。在生物质炭输入条件下，$BC_{0.8}$ 及 $BC_{2.4}$ 均降低了土壤活性有机碳库的比例，且 $BC_{2.4}$ 与对照相比降低了88.30%，而 $BC_{8.0}$ 显著增加了土壤活性有机碳库的比例。

表7-1　生物质炭和秸秆碳输入土壤碳矿化参数表

处理	A_1(g/kg)	A_2(g/kg)	K_1(d)	K_2(d)	A_1/A_1+A_2	R^2	半衰期(T)
$Str_{1.0}$	0.645 8	3.592 1	0.042 6	0.024 0	0.152 4	0.999 4	28.327 1
$Str_{3.0}$	1.051 7	2.925 7	0.006 4	0.044 1	0.264 4	0.994 6	15.718 5
$Str_{10.0}$	1.499 6	4.658 1	0.006 0	0.052 6	0.243 5	0.998 6	13.186 5
$BC_{0.8}$	0.122 9	9.644 0	0.109 0	0.049 5	0.012 6	0.997 5	14.000 1
$BC_{2.4}$	0.107 8	46.036 5	0.000 1	0.078 4	0.002 3	0.998 1	8.842 6
$BC_{8.0}$	0.563 0	0.563 0	0.005 9	0.005 9	0.500 0	0.984 4	117.635 8
CK	0.117 2	5.748 6	0.000 5	0.082 9	0.020 0	0.998 9	8.364 3

注：A_1 为活性碳库；A_2 为惰性碳库；K_1 为活性碳库分解速率；K_2 为惰性有机碳库分解速率；T为半衰期。

与对照相比，外源有机碳输入显著增加了土壤活性碳库的分解速率（$BC_{2.4}$ 除外），但随着添加比例的增加而降低；惰性有机碳库的分解速率与对照相比明显下降，但在不同外源碳添加处理中，惰性有机碳库的分解速率随着添加比例的增加而增加（$BC_{8.0}$除外）。小麦秸秆及生物质炭输入均可以增加土壤有机碳的半衰期（T），而生物质炭和小麦秸秆不同用量的输入条件下，土壤有机碳半衰期呈现完全相反的变化趋势，随着添加比例的增加，秸秆处理土壤半衰期呈现降低的趋势，而生物质炭处理条件下则呈现增加的趋势（$BC_{2.4}$除外）。相同碳输入条件下，在低碳含量下（$Str_{1.0}$、$Str_{3.0}$及$BC_{0.8}$、$BC_{2.4}$），秸秆处理土壤半衰期较高，而高碳输入条件下（$Str_{10.0}$和$BC_{8.0}$），生物质炭处理半衰期较高。

7.3.4 生物质炭和秸秆碳输入下不同粒径水稳定性团聚体易氧化有机碳含量

不同外源碳输入对土壤不同粒径水稳定性团聚体易氧化有机碳的影响如图7-3所示。生物质炭和秸秆碳输入增加了土壤不同粒径水稳定性团聚体中易氧化有机碳的含量。不同粒径之间易氧化有机碳含量表现为0.25~2 mm大于0.05~0.25 mm大于<0.05 mm，差异达到显著水平（$Str_{1.0}$处理除外）。对于0.25~2 mm粒径而言，生物质炭输入可以显著提高土壤易氧化有机碳含量，且随着添加比例的增加而增加，其中$BC_{8.0}$与$BC_{0.8}$、$BC_{2.4}$之间差异达到显著水平；小麦秸秆输入也略微增加了土壤易氧化有机碳含量，随着添加量的增加而增加，但与对照相比，差异并不显著；在相同碳量添加下，生物质炭与小麦秸秆相比可显著提高土壤易氧化有机碳含量。对于0.05~0.25 mm粒径而言，生物质炭输入可以显著提高土壤易氧化有机碳含量，且随着添加比例的增加而增加，其中$BC_{8.0}$与$BC_{0.8}$、$BC_{2.4}$之间差异达到显著水平；小麦秸秆输入也增加了土壤易氧化有机碳含量，随着添加量的增加呈现先减少后增加的趋势，与对照相比，$Str_{1.0}$处理显著增加了土壤易氧化有机碳含量，而$Str_{3.0}$及$Str_{10.0}$处理对照相比，差异并不显著；在相同碳量添加下，生物质炭与小麦秸秆相比可显著提高土壤易氧化有机碳含量（$BC_{0.8}$和$Str_{1.0}$之间差异不显著）。对于<0.05 mm粒径而言，生物质炭输入可以显著提高土壤易氧化有机碳含量（$BC_{0.8}$除外），且随着添加比例的增加而增加，差异达到显著水平；小麦秸秆低输入量也增加了土壤易氧化有机碳含量，随着添加量的增加呈现减少的趋势，$Str_{10.0}$土壤易氧化有机碳已低于CK，与对照相比，$Str_{1.0}$处理显著增加了土壤易氧化有机碳含量，而$Str_{3.0}$及$Str_{10.0}$处理对照相比，差异并不显著；在相同碳量添加下，低量添加条件下（$BC_{0.8}$及$Str_{1.0}$），小麦秸秆输入与生物质炭

相比可显著提高土壤易氧化有机碳含量，而在高施用量条件下（$BC_{2.4}$、$BC_{8.0}$及$Str_{3.0}$、$Str_{10.0}$），生物质炭与小麦秸秆相比可显著提高土壤易氧化有机碳含量。

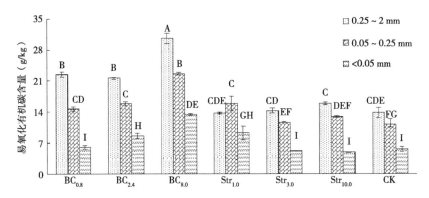

图7-3　生物质炭和秸秆碳输入下不同粒径水稳定性团聚体易氧化有机碳含量

7.4　讨论

7.4.1　生物质炭和秸秆碳输入对土壤碳库的影响

将生物质热解产生的生物质炭重新输入到土壤中，成为一种提高土壤有机碳含量，减缓温室效应的新技术。热解后，生物质炭和秸秆的理化性质和结构均有较大的差异，因此输入到土壤后的环境效应也有所差异。本研究结果表明，生物质炭和小麦秸秆均可以显著提高土壤有机碳含量。随着施用量的增加，生物质炭处理土壤有机碳含量显著增加。Laird等（2010）在0 g/kg、5 g/kg、10 g/kg、20 g/kg的生物质炭施用下，发现土壤有机碳含量随生物质炭添加量的增加而增加。Hame等（2004）利用将三种不同原材料制备的生物质炭输入到土壤60 d后发现加入生物质炭的分解率分别为0.78%、0.72%和0.26%。这说明，生物质炭输入是提高土壤有机碳含量的有效途径。而小麦秸秆处理在中等施用下反而降低了土壤有机碳含量，这说明虽然秸秆还田有助于提高土壤有机碳含量，但施入过多量的秸秆会使有机碳增加的比率降低。由前面章节研究结果可知，这是由于秸秆过量输入土壤，主要促进了>2 mm大颗粒团聚体的形成，土壤结构体疏水性增强，结构体可湿性降低，不利于秸秆残渣有机物质的降解作用。与之相反，生物质炭输入土壤后主要促进了>0.25 mm粒级大颗粒团聚体的形成，且增强了土壤持水性，在土壤中充当着缓释肥的作用，促进了土壤中有机碳的长期积累。

本研究中，生物质炭的低量添加降低了土壤CO_2的释放量，而在高量添加处理下CO_2的释放增强。在相同碳量的生物质炭和秸秆碳输入下，秸秆可显著增加土壤CO_2的累积释放量。这是由于生物质炭自身含有较多的脂肪族有机物质，在输入土壤后，这部分有机碳会以溶解态被微生物迅速利用（Woolf et al.，2010），使得生物质炭大量添加下土壤CO_2排放出现增加的现象（Simone et al.，2009；Lehmann et al.，2011；Steinbeissa et al.，2009），但当土壤达到新的稳态后，CO_2排放便又可能出现降低。而秸秆有机物质被输入土壤后，相对于生物质炭，在短期内可以被降解。然而在秸秆降解过程中，只有1/3的碳素会被保留在土壤中，其余2/3的碳将以CO_2的形式通过矿化作用被释放出去（Blanco-Canqui and Lal，2007）。

双碳库指数模型中参数A_1、A_2，反映着外源有机物质对土壤碳库作用的相对大小。本研究中，秸秆输入含有较高的活性有机碳库，而生物质炭输入则含有较高的惰性有机碳库（生物质炭过量添加除外）。这是由于生物质炭中大部分碳以更加稳定的芳香环状结构存在于土壤中，对微生物分解利用有机物质的影响较小。但当生物质炭过量添加时，其自身所含的大量脂肪族有机碳，增加了土壤活性有机碳库储量。而秸秆输入下，相对于生物质炭，具有较小的C/N，土壤有机物的腐解过程受到促进，从而增加了土壤活性碳库含量（崔明等，2008）。$[A_1（A_1+A_2）]$为土壤活性有机碳库所占比例，活性有机碳库的稳定性较低，矿化速率较快，其相对变化是土壤有机碳稳定性的重要指标之一。本研究中，秸秆处理显著增加了土壤$[A_1（A_1+A_2）]$，而生物质炭仅在高添加量下增加了土壤$[A_1（A_1+A_2）]$，这与土壤CO_2累积释放量的变化规律相一致。生物质炭对土壤有机碳库的影响直接影响到土壤有机碳的半衰期，土壤有机碳的分解速率，尤其是惰性有机碳库的分解速率直接决定了土壤有机碳的半衰期。整体来讲，不同外源有机碳添加，都增加了土壤有机碳的半衰期，其中生物质炭添加下，有机碳半衰期随其添加量的增加而增大；而秸秆添加下，半衰期随添加量的增加而减小。这与生物质炭的结构稳定性，以及秸秆在培养后期的降解作用有关。与对照处理相比，生物质炭由于其稳定的碳结构，在相同碳含量条件下，惰性有机碳分解速率较低，从而具有较高的半衰期。

7.4.2 生物质炭和秸秆碳输入对土壤不同粒径团聚体中易氧化有机碳的影响

土壤团聚体是土壤的重要组成部分，是组成土壤结构的基本单元。土壤有机质是形成土壤团聚体的重要物质，已有研究表明，有机物质的输入可以促进团粒结构的形成，土壤有机质封闭于团聚体内，土壤有机质在各个粒径团聚体的分配及其氧化稳定性因输入的有机物料不同而有较大的差异。周桂玉等（2011）发现生物质炭的输入可显著增加土壤团聚体有机碳含量，且随着输入量的增加而增加；向艳文等（2009）研究表明长期施用化肥和稻草增加了水稻土0.5~2 mm水稳定性团聚体中有机碳含量。本研究表明，不同外源有机碳的输入增加了土壤不同粒径水稳定性团聚体中易氧化有机碳含量，其中水稳定性大颗粒团聚体（0.25~2 mm）易氧化有机碳含量最高，且随着施用量的增加而增加。刘晓利等（2009）发现土壤团聚体内有机碳含量随粒径增大而增大，这不仅仅是由于有机质可以与微团聚体胶结而形成大团聚体（Elliott et al.，1986），同时，分解状态的菌丝也可以提高土壤水稳定性大团聚体中有机碳的含量（Six et al.，2000）。由外源有机物质胶结形成的大团聚体，其有机碳的氧化稳定性较低，必然提高了大团聚体中易氧化有机碳的含量。外源有机物输入对土壤微团聚体（<0.05 mm）中易氧化有机碳的影响相对较小，这一方面可能是由于有机物料输入到土壤后在土壤不同粒径间的分配以大团聚及中团聚体为主（尹云峰等，2013），另一方面，微团聚体中有机碳因封闭于微团聚体内而不易被土壤中的微生物利用和消耗（Six et al.，2000）。与小麦秸秆相比，在相同碳量添加条件下，生物质炭输入可以显著增加土壤不同粒径水稳定性团聚体中易氧化有机碳的含量（$BC_{0.8}$、$Str_{1.0}$低添加量除外），这可能是由于相对小麦秸秆来说，生物质炭具有丰富的表面官能团、发达的比表面积及孔隙结构，输入到土壤中可以作为团聚体形成的胶结物质，同时还可以吸附土壤中各种小分子有机酸等，使其封闭于不同粒径的水稳定性团聚体中，增加了其易氧化有机碳的含量。

7.5　小结

生物质炭和小麦秸秆均可以显著提高土壤有机碳含量，但过多的秸秆输入会降低土壤有机碳的增加幅度。

生物质炭的适量添加（0.8%、2.4%）可以降低土壤CO_2的释放，而过量添加（8.0%）则会明显增强土壤CO_2的排放。在相同碳量的生物质炭和秸秆碳输入下，秸秆显著增加了土壤CO_2的累积释放量。

秸秆输入会增加土壤活性有机碳库，而生物质炭输入则增加了土壤惰性有机碳库，但生物质炭的过量添加对于活性碳库也会呈现一定的增加作用。

不同外源有机碳添加，都会增大土壤有机碳的半衰期。生物质炭添加下，有机碳半衰期与添加量呈正比；而秸秆添加下，半衰期则呈现相反的规律。

不同外源有机碳的输入对土壤水稳定性大颗粒团聚体（0.25～2 mm）易氧化有机碳含量的影响最大，增幅随着施用量的增加而增大；而外源有机物输入对土壤微团聚体（<0.05 mm）中易氧化有机碳的影响相对较小。相同碳量添加条件下，生物质炭输入相对于秸秆，更有助于土壤不同粒径水稳定性团聚体中易氧化有机碳含量的增加，但在低添加量处理下（$BC_{0.8}$、$Str_{1.0}$），作用则不太明显。

8 土壤生物质炭和秸秆碳输入对小麦生长和产量的影响

8.1 引言

秸秆碳输入对土壤相关理化性质，以及对作物产量方面的影响的研究已经颇多。普遍认为，适当的秸秆添加，有助于土壤中有机碳及养分的有效性增加，是土壤涵养肥力和作物增产的有效途径。然而，当秸秆材料不易被降解时（如玉米秸秆），连年的秸秆碳输入措施便会造成土壤结构的恶化和速效养分的流失，死苗、黄苗等现象容易发生。因此，秸秆碳的适量添加及不同添加量下，通过对作物生长发育的动态监测，以期探明不同水平土壤有机物质输入的作物有效性。

研究发现在亚洲的许多区域，由森林木材和水稻秸秆制成的生物质炭输入土壤后，对于原土中的微生物活性产生了刺激作用（Ogawa，1994；Nishio，1996）。生物质炭的添加会刺激真菌菌根菌丝的繁殖生长，以及作物对磷素的有效吸收（Ogawa et al.，1983；Saito，1990）。生物质炭的适量添加会促进磷素对作物的有效性，而这一作用与促进了真菌菌丝的生长相关（Schweiger et al.，2007）。但是对于原土可溶性磷含量较高的土壤，生物质炭输入可能会产生外源性真菌与原土真菌对磷素的竞争作用（Gazey et al.，2004）。Nishio和Okano（1991）研究指出，生物质炭添加，促进了豆科植物根瘤菌对大气中N_2的固定。这些对土壤微生物及作物根系的刺激作用，也影响着作物的产量增加。Yamato等（2006）研究发现，生物质炭在10 t/hm²输入水平下的玉米产量增加了50%，而这一增加与土壤中菌丝菌根的繁殖相关。Lehmann和Rondon（2006）在热带地区的研究也证实了生物质炭对作物养分吸收和微生物活性的促进作用。

生物质炭对于酶活性的影响，是由于提供了微生物生长的有益环境（孔隙），以及其弱碱性抑制了腐生菌的生长（Saito and Marumoto，2002）。植物根瘤菌在<50 μm的孔隙中时会免于被捕食（Postma et al.，1990），通过与生物质炭的接触进而增加了对于氮素的固定（Rondon et al.，2007）。

由前面章节的研究结果可以看出，生物质炭和秸秆碳添加都可以增加土壤中大颗粒团聚体的含量。然而两者却可能导致两种截然不同的结果，生物质炭添加通过表面的芳香族物质及自身多孔隙结构促进了与土壤颗粒的结合，使得土壤可以的持水性增强；秸秆碳是通过自身部分分解过程中释放的腐殖酸与土壤凝聚，但是当秸秆还田量较大时，便会在凝聚成大颗粒团聚体时，由于有机物含量高而导致土壤结构体疏水性增大，养分和向下水分流失严重。当然，生物质炭添加对于土壤持水性的增加，可能经常在一些土壤黏粒含量高或质地较粗糙的土壤类型中观察到（Verheijen et al.，2009）。对于关中地区（半干旱条件）生物质炭添加甚至大量输入，对作物生长影响机理方面（结构性、作物生育期生长情况等）还没有系统的研究。而且之前的研究大多数是在不同土壤类型下不同生物质炭的添加影响，降低参考的可比性。

因此，本研究假设：秸秆碳在低添加量输入土壤后，会有益于作物不同生育期的生长，但在大量添加处理下则会对作物生长产生严重抑制；生物质炭在半干旱粉质黏壤土中的适量添加，对作物生长的促进作用会优于秸秆碳输入，甚至在大量添加的条件下，也不会产生诸如秸秆碳的土壤结构恶化和作物生长的抑制。为了验证这些假设，本研究测定了小麦不同生育期作物的光合作用、蒸腾、叶绿素指标及成熟期的产量，以期为不同外源碳添加对作物生长发育影响的评估提供理论依据。

8.2 材料与方法

试验设计、研究区概况、土壤基本理化性质详见2.2.2；土样采集及处理、试验指标的测定详见2.2.2.1和2.2.2.2；数据处理详见2.3。

8.3 结果与分析

8.3.1 作物净光合作用及蒸腾作用

小麦净光合速率随着小麦的生长逐渐增加，施用生物炭或秸秆可以改变小麦的净光合速率，其作用效果与生物炭和秸秆的用量及小麦生育期有关（图8-1）。与对照相比，在小麦抽叶期，施用$BC_{0.8}$和Str_{1-10}对小麦净光合作用无显著影响，但是$BC_{2.4}$和BC_8分别增加小麦净光合速率23.7%和18.9%，差异达到显著水平，$BC_{2.4}$和$BC_{8.0}$之间差异不显著。在开花期施用生物炭可以显著提高小麦的净光合速率，与对照相比，施用$BC_{0.8}$、$BC_{2.4}$和$BC_{8.0}$小麦净光合速率依次分别增加44.9%、66.1%和53.9%，其中施用$BC_{2.4}$效果最显著；施用Str_1和Str_3分别提高了小麦净光合速率29.9%和18.7%，Str_{10}则降低了20.4%，差异均达到显著水平。在果实成熟期，小麦净光合速率随生物炭用量的增加而显著增加，与对照相比，施用$BC_{0.8}$、$BC_{2.4}$和$BC_{8.0}$分别使小麦净光合速率显著增加14.2%、32.2%和40.9%；施用秸秆对小麦净光合速率的影响与开花期相似，施用Str_1和Str_3分别提高了小麦净光合速率26.0%和22.4%，但是Str_{10}使其降低了8.8%，差异均达到显著水平。

生物质炭和秸秆碳添加对小麦蒸腾速率的影响如图8-2所示，不同外源碳添加量处理间差异显著。与对照相比，施用$BC_{0.8}$、$BC_{2.4}$和BC_8使抽叶期小麦的蒸腾速率分别显著提高了3.1倍、3.5倍和3.4倍；在开花期$BC_{0.8}$和$BC_{2.4}$分别增加了小麦蒸腾速率9.6%和21.3%，但是BC_8使其降低了27.3%，差异均达到显著水平；在果实成熟期，施用$BC_{0.8}$、$BC_{2.4}$和BC_8分别显著增加了小麦蒸腾速率16.8%、55.4%和161.9%。秸秆碳输入处理中，仅Str_1提高了小麦抽叶期和果实成熟期的蒸腾速率，其效果为303.6%和65.6%。施用Str_3和Str_{10}均显著降低了小麦从抽叶期—果实成熟期的蒸腾速率，且蒸腾速率的降幅与秸秆施用量呈正相关。

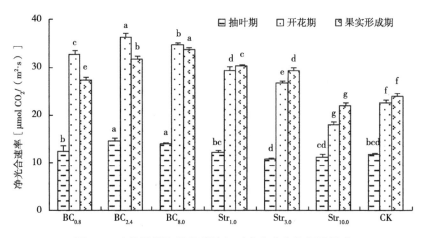

图8-1　生物质炭和秸秆碳输入对小麦光合作用的影响

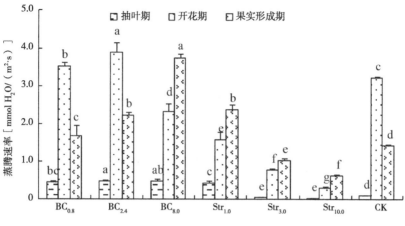

图8-2 生物质炭和秸秆碳输入对小麦蒸腾作用的影响

8.3.2 叶绿素度及小麦产量

生物质炭添加能够显著增加小麦生育期的叶绿素度，而秸秆碳添加对小麦叶绿素度的影响与秸秆添加量及小麦生育期密切相关（表8-1）。与对照处理相比，在抽叶期施用$BC_{0.8~8.0}$平均提高小麦叶绿素度16.9%，不同用量生物炭处理间无显著影响，然而施用Str_3和Str_{10}使小麦叶绿素度降低23.4%，Str_1对小麦叶绿素度无显著影响。在拔节期、开花期与成熟期小麦叶绿素度在0.8%~2.4%范围内随着生物炭用量的增加而增加，生物质炭用量超过2.4%对小麦叶绿素度无显著影响，与对照相比，施用$BC_{0.8}$分别提高拔节期、开花期与成熟期小麦叶绿素度15.6%、27.7%和77.0%，施用$BC_{2.4}$和$BC_{8.0}$平均增加了这3个时期小麦叶绿素度的24.3%、35.8%和84.9%，然而在拔节期施用Str_1使小麦叶绿素度降低了19.0%，施用Str_3和Str_{10}降低了39.0%，在开花期施用Str_1能够使小麦叶绿素度显著增加7.7%，但施用Str_3和Str_{10}使其降低了48.0%，在成熟期施用秸秆对小麦叶绿素的影响与抽叶期相似，施用Str_1对小麦叶绿素度无影响，但施用Str_3和Str_{10}平均降低小麦叶绿素度39.0%。

生物质炭和秸秆碳添加对小麦产量的影响如图8-3所示。与对照相比，生物质炭$BC_{0.8}$和$BC_{2.4}$处理分别使小麦产量显著增加了14.9%和19.1%，但两者间无显著差异，$BC_{8.0}$处理下使小麦产量下降3.3%，但差异未达到显著水平。秸秆碳添加处理中，Str_1显著增加小麦产量达6.0%，而秸秆Str_3和Str_{10}处理则使小麦产量分别显著降低了37.3%和90.1%。

表8-1　生物质炭和秸秆碳添加下小麦不同生育期叶绿素度

处理	叶绿素度（SPAD）			
	抽叶期	拔节期	开花期	成熟期
$BC_{0.8}$	31.9 cd	35.8 d	43.0 d	45.1 c
$BC_{2.4}$	33.3 d	38.3 e	46.1 e	47.3 d
$BC_{8.0}$	32.6 cd	38.7 e	45.5 e	47.0 cd
Str_1	30.4 bc	27.9 b	36.3 c	27.2 b
Str_3	21.4 a	19.5 a	18.4 a	15.5 a
Str_{10}	21.4 a	18.5 a	16.7 a	15.6 a
CK	27.9 b	31.0 c	33.7 b	25.5 b

注：$BC_{0.8～8.0}$为生物质炭在0.8%，2.4%，8.0%水平添加处理；$Str_{1～10}$为秸秆在1.0%，3.0%，10.0%水平添加处理。

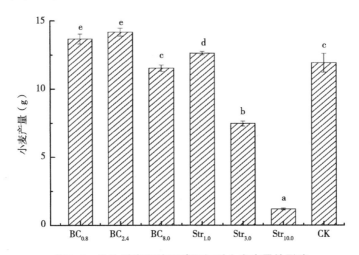

图8-3　生物质炭和秸秆碳添加对小麦产量的影响

8.4　讨论

8.4.1　生物质炭和秸秆碳添加对小麦净光合作用及蒸腾作用的影响

整体来讲，在小麦的不同生育期，生物质炭输入相对于无外源碳添加处理显著增加了小麦的净光和速率，其中，生物质炭在2.4%水平输入对小麦光合的促进作用最强。在小麦抽叶期和生长旺盛的开花期，过量生物质炭添加（8%添加量）与2.4%添加处理相比，小麦光合速率差异不显著（抽叶期）或有所降低（开花期），说明在生物质炭大量输入不仅没有促进小麦的生长，甚至会产生一定的抑制作用。在小麦成熟期，小麦光合作用强度与生物质炭添加量呈正比。这是由于在小麦籽粒形成过程或灌浆时，植株对土壤水分及速效养分的需求较大，而生物质炭添加量的增大有助于土壤水分的保持和土壤养分有效性的提高，避免作物受干旱胁迫的影响。Abel等（2013）研究表明，作为土壤改良剂，生物质炭的添加可以增加土壤对水分的吸附能力，改善土壤对养分的吸持量，氧化后的生物质炭尤为突出。除此之外，生物质炭的输入促进了丛枝菌根真菌菌丝的生长繁殖，菌丝在生物质炭表面和孔隙内部生长并产生孢子，有利于孢子的进一步萌发（Warnock et al.，2007）。

生物质炭在8.0%添加处理下，小麦净光合速率的增幅却小于2.4%添加处理，也进一步说明生物质炭添加量与小麦光合作用的增强并非始终呈正比的。小麦的蒸腾作用也呈现出相同规律，生物质炭添加明显增强小麦抽叶期和果实成熟期内的蒸腾作用，与生物炭用量呈正比，但在开花期小麦蒸腾速率在0.8%和2.4%处理下与生物炭施用量呈正比，但是当达到8%时反而抑制了小麦蒸腾作用。因此，生物质炭的输入对作物生长的促进作用是有限的，大量的输入甚至会对植株的生长产生一定抑制作用，造成生物资源的浪费。黄超等（2011）也发现相似规律，过量的生物质炭添加在肥力较好的土壤中时，会对土壤微生物活性和作物生长产生抑制作用。

在小麦抽叶期，秸秆处理相对于对照，小麦光合速率没有显著变化，这是由于秸秆还未分解造成。而在开花期，随着秸秆的部分降解，土壤有机质和微生物活性逐渐增加，小麦的光合作用及生长也有所促进。但随着秸秆输入量的增大，在10%水平的过量输入下，小麦光合速率显著下降，对小麦生长产生了严重的抑制作用。秸秆在低添加量处理下（1%），小麦抽叶期和果实成熟期的蒸腾速率显著提高，作物生长强度增大；而在3%和10%添加条件下时，小麦在不同生育期的蒸腾作用都显著降低。表明当秸秆适量添加时（低于3%），会显著促进作物的生长发育，而当秸秆添加量过大时反而会抑制小麦的光合和生长强度。王法宏等（2001）研究指出，过量的秸秆输入，会加剧土壤中养分的消耗，降低养分的作物有效性。

这是由于秸秆在少量输入土壤时，通过自身降解作用可以增加土壤肥力及持水性，改善土壤结构，为微生物和植株根系的生长提供有利的小环境。而当秸秆过量添加时，秸秆在初期部分腐解过程中产生的腐殖酸等促进了土壤大团聚体的疏水性，土壤养分被牢牢固定在凝聚而成的大颗粒中，且团聚体可湿性降低，很难被破碎降解，土壤水分和速效养分向下流失严重，从而阻碍了作物的生长，增加了干旱胁迫的风险。吴菲（2005）也指出，秸秆过量还田时，在其降解过程中会需要大量的水分，从而引起了与作物对水分的竞争关系。

8.4.2 生物质炭和秸秆碳添加对小麦叶绿素度和产量的影响

与无外源碳添加的处理相比，生物质炭不同输入量都促进了作物叶绿素度的增加，但当生物质炭添加量高于2.4%时，对叶片叶绿素度的增加作用与2.4%生物质炭添加处理差异不显著，说明生物质炭添加对于叶片生长的促进作用有限，过量添加易造成生物质炭材料的浪费。这归因于生物质炭的添加会刺激真菌菌根菌丝的繁殖生长，以及作物对于磷、钾元素的有效吸收，促进作物叶片叶绿素含量增加（Ogawa et al.，1983；Saito，1990）。另外，生物质炭由于其制备工艺（高温热解），自身往往含有较多的微量元素，当生物质炭添加到土壤中便成为营养元素的诸多缓释载体，促进了作物生长（Xu et al.，2013）。

秸秆输入土壤后，在小麦发育初期（抽叶期），不同添加水平的处理下，对小麦叶片生长都产生了抑制作用，但在1%水平抑制作用不显著，随着秸秆添加量的增加抑制作用逐渐增大。在小麦拔节期，这种抑制作用逐渐加剧；在开花期和成熟期，秸秆1%添加处理对于叶片生长表现出一定的促进作用，而3%和10%添加处理依然表现出较强的抑制作用。刘阳等（2008）研究表明，秸秆的过量添加促进了作物叶片中叶绿素a和叶绿素b的降解。

这是由于在小麦抽叶期，秸秆在初步分解自身所含易降解组分时，会与作物争夺营养元素，尤其是对于氮素的竞争。王法宏等（2001）研究发现，过量秸秆添加会严重消耗土壤中的氮素，导致作物叶片中叶绿素的降解加剧。在小麦发育初期，作物植株较小，秸秆添加量低的条件下，对于养分的竞争作用不明显，但随着秸秆添加量的增加，以及作物植株的逐渐生长，两者之间的竞争就显得愈加激烈。当小麦到达开花期时，1%秸秆添加处理中的秸秆基本分解完成，土壤理化性状达到新的稳态平衡，秸秆降解累积的养分促进了小麦叶片的发育；而

3%和10%秸秆添加处理由于降解过程仍在进行，竞争抑制作用仍然明显，且随秸秆添加量的增加，竞争越加激烈，从而导致对小麦叶片生长发育的长期抑制作用。

生物质炭添加对小麦产量的促进作用主要体现在0.8%和2.4%添加措施下，当生物质炭过量添加时，会对小麦产生一定的减产效果，但不显著。Glaser等（2002）的研究也发现生物质炭添加增加了作物产量，提高了土壤质量。生物质炭过量添加条件下，对作物产量增加无显著作用，这可能与低氮供给，但高碳输入导致的有机质转化速率降低有关（Kindler et al.，2011）。

秸秆在1.0%添加水平下显著增加了小麦产量，而在3%和10%添加水平下则导致作物产量显著下降，降幅随秸秆添加量的增加而增大，在10%秸秆添加量时，小麦产量下降了将近一倍。这与小麦在不同生育期的叶绿素度变化规律一致，表明秸秆在较低水平添加会显著促进作物生长和产量，过量添加则会产生显著的抑制作用。

8.5 小结

生物质炭输入可以显著促进作物生长和产量的增加，然而生物质炭的输入对作物生长的促进作用是有限的，大量的输入甚至会对植株的生长产生一定抑制作用，造成生物资源的浪费。秸秆在小麦生长初期的添加会产生与作物的竞争关系，但随着秸秆中易分解有机成分的初步降解，少量添加（1%）措施表现出了对作物生长和产量的促进作用，而较大添加量下（3%和10%），对作物生长的抑制作用随秸秆添加量的增大而增强。

9 土壤结构指标与生物指标的关系研究

9.1 引言

不同耕作措施或者不同外源碳施入，土壤相关理化性质的变化、结构的改变，以及对应的作物生长、对养分的有效吸收等过程，都离不开土壤中相关微生物及其代谢产物的作用。这些微观因子的量变和质变，直接或间接地影响着宏观上土壤的性质结构，甚至作物的生长发育过程（Henriksen et al.，2002；Zimmerman et al.，2011）。

不同耕作措施下，由于研究区域所处的特殊环境条件，保护性耕作所包含的种类，也不同于目前研究中广泛存在的免耕模式。因此将以往研究中将有机碳或溶解性有机碳作为人为管理措施对土壤相关性质影响的灵敏指标（Hermle et al.，2008；Franzluebbers，2002），已经不再适用。而且，前人研究大部分关注于无机养分和有机肥料输入下，土壤理化性质的响应（Gao et al.，2005）。不同耕作方式下，有机碳库与土壤结构体之间的相关性分析还有待研究。因此，本研究中通过对不同耕作措施下，土壤中水稳性团聚体粒级分布、颗粒有机碳、结构体中所包含的易氧化有机碳和活性有机碳等组分，进行相关性分析，从而揭示关中平原人为耕作措施下，响应土壤理化性质变化的灵敏指标。

本研究基于不同外源碳添加试验，以土壤中脲酶、转化酶、过氧化氢酶活性在小麦不同生育期的变化为中间桥梁，对比其与土壤不同活性有机碳组分、土壤结构体，以及酶活性与作物生长和产量等生物指标间的相关性关系，从而揭示土壤外源碳输入对作物影响的作用途径，为土壤的外源碳引入及其作物有效性提供科学理论依据。

相关性分析的前提是必须建立在相同的体系下，因此，分别对不同耕作模式以及不同外源碳输入下，土壤结构指标和生物指标进行相关性分析，以期揭示耕作措施和不同外源碳输入对作物的具体影响过程，以及研究涉及指标对人为管理措施的敏感度。其中，在耕作措施下，包含七种模式的各自相关性分析，本章节中以各指标的总相关性关系表示，其各自相关性规律不变。类似地，不同外源碳输入下的总相关性分析规律，代表不同外源碳输入水平处理下的指标间相关性规律。

9.2　材料与方法

试验设计、研究区概况、土壤基本理化性质详见2.2.1和2.2.2；数据处理详见2.3。

9.3　结果与讨论

9.3.1　不同耕作体系下有机碳组分及各粒级土壤团聚体（WSA）相关性分析

在0～10 cm表层土壤，土壤颗粒有机碳（POC）与0.25～2 mm粒级WSA中的易氧化有机碳（WSA-OOC）显著相关（表9-1）。类似地，在10～20 cm土层中，POC含量与土壤0.25～2 mm水稳性团聚体（WSA 0.25～2 mm）显著相关（表9-2）。这些结果表明，土壤中POC含量的累积增加，会促进土壤中大颗粒团聚体的形成。这也与大颗粒团聚体的形成途径相一致，即大颗粒团聚体可以由土壤颗粒有机物的分解过程而来。本研究结果与Elliott（1986）的研究结果相一致。该研究指出，在半干旱地区，土壤SOC含量在较大的粗糙团聚体中分布，远远大于在细小颗粒团聚体中的分布。

除此之外，颗粒有机物中活性有机碳的含量（POM-AOC）与土壤POC及<0.05 mm粒级团聚体中活性有机碳的含量（WSA-AOC）显著相关（表9-1）。本研究所展示相关性分析，为不同耕作模式下的总相关性规律。由于表格过多，每个耕作模式下的相关性结果不再单独列出，在这些单独分析结果中，免耕模式下，讨论涉及的各指标参数相关性不显著。这些结果表明，POM-AOC相对于POC和OOC，在检验耕作方式对土壤结构影响时具有更强灵敏性。

表9-1　表层土壤（0～10 cm）颗粒有机碳及土壤团聚体中易氧化有机碳，活性有机碳组分间相关性分析

指标	POC	A₁	A₂	A₃	A₄	B₁	B₂
POC	1.000						
A_1	0.253	1.000					
A_2	0.872*	0.250	1.000				
A_3	0.740	0.408	0.916**	1.000			
A_4	0.834*	0.435	0.862*	0.734	1.000		
B_1	0.817*	0.226	0.851*	0.632	0.882**	1.000	
B_2	0.804*	0.289	0.704	0.485	0.922**	0.905**	1.000

注：POC为颗粒有机碳；A_1～A_4为不同粒级水稳性团聚体中（>2 mm，0.25～2 mm，0.05～0.25 mm，<0.05 mm）的易氧化有机碳；B_1和B_2为分别表示颗粒有机物中的易氧化有机碳和活性有机碳组分。**为极显著相关（$P<0.01$）；*为显著相关（$P<0.05$）。

表9-2　土壤（0～30 cm）中颗粒有机碳与土壤不同粒级水稳性团聚体之间相关性分析

指标	0～10 cm	10～20 cm	20～30 cm
POC-WSA（>2 mm）	0.665	−0.447	0.650
POC-WSA（0.25～2 mm）	−0.010	0.879**	0.726
POC-WSA（0.05～0.25 mm）	−0.006	0.480	0.113
POC-WSA（<0.05 mm）	−0.623	−0.370	−0.822*

注：POC为颗粒有机碳；WSA为土壤水稳性团聚体。**为极显著相关（$P<0.01$）；*为显著相关（$P<0.05$）。

9.3.2　生物质炭和秸秆碳输入下土壤有机碳组分和土壤结构与土壤酶活性的相关性分析

在生物质炭输入条件下，土壤有机碳、结构体与土壤酶活性相关性分析如表9-3所示。其中，土壤大颗粒水稳性团聚体（WSA>0.25 mm）与MBC、DOC显著正相关；而小颗粒团聚体（WSA<0.25 mm）则与MBC、DOC呈极显著负相关。以上结果表明，生物质炭输入下，土壤中的活性有机碳组分主要包含在大颗粒团聚体结构中（Six et al., 2004）；小颗粒团聚体与活性有机碳组分的极显著

负相关关系，主要归因于大颗粒团聚体的形成过程中，生物质炭结构及表面官能团对于土壤中溶解态、易降解性有机组分、土壤颗粒的吸附团聚作用。

表9-3　生物质炭输入下土壤有机碳组分、WSA与土壤酶活性相关性

指标	MBC	DOC	WSA_1	WSA_2	WSA_3	WSA_4	B_1	B_2	B_3
MBC	1								
DOC	0.898**	1							
WSA_1	0.872*	0.974**	1						
WSA_2	0.888**	0.757*	0.653	1					
WSA_3	−0.957**	−0.935**	−0.934**	−0.757*	1				
WSA_4	−0.916**	−0.890**	−0.820*	−0.953**	0.827*	1			
B_1	0.886**	0.942**	0.980**	0.630	−0.952**	−0.776*	1		
B_2	0.941**	0.783*	0.070 8	0.888**	−0.852*	−0.850*	0.740	1	
B_3	−0.579	−0.455	−0.373	−0.445	0.580	0.362	−0.475	−0.760*	1

注：MBC为微生物量碳；DOC为溶解性有机碳；WSA_1～WSA_4为水稳性团聚体（>2 mm，0.25～2 mm，0.05～0.25 mm，<0.05 mm）；B_1为脲酶活性；B_2为过氧化氢酶活性；B_3为转化酶活性；**为在0.01水平显著相关；*为在0.05水平显著相关。

除此之外，土壤中脲酶、过氧化氢酶活性与水稳性大颗粒团聚体呈显著正相关，与小颗粒团聚体呈显著负相关；而土壤结构体与转化酶活性之间相关性不显著。表明生物质炭输入后，土壤结构的改善与土壤中脲酶、过氧化氢酶活性的增强有着重要关系。这是由于生物质炭在输入土壤后，自身所携带脂肪族有机物属于易被分解利用的组分，以及其丰富的比表面积和孔隙结构，为微生物的生长繁殖提供了有利的能源和小环境，激发了脲酶和过氧化氢酶的活性。Huang等（2006）的研究指出，外援有机物（生物质炭）的添加对土壤中大颗粒团聚体的形成具有重要作用。Demisie等（2014）研究认为，生物质炭在不同水平添加后，土壤脲酶活性都显著增大，这与生物质炭增加了土壤中的微生物量有关。

表9-4　秸秆碳输入下土壤有机碳组分、WSA与土壤酶活性相关性

项目	MBC	DOC	WSA₁	WSA₂	WSA₃	WSA₄	B₁	B₂	B₃
MBC	1								
DOC	0.940**	1							
WSA₁	0.952**	0.997**	1						
WSA₂	0.606	0.629	0.614	1					
WSA₃	-0.926**	-0.953**	-0.949**	-0.792*	1				
WSA₄	-0.784*	-0.827*	-0.815*	-0.951**	0.909**	1			
B₁	0.914**	0.949**	0.961**	0.675	-0.938**	-0.848*	1		
B₂	0.307	0.157	0.214	0.001	-0.175	-0.072	0.408	1	
B₃	0.716	0.699	0.736	0.411	-0.705	-0.559	0.866*	0.762*	1

注：MBC为微生物量碳；DOC为溶解性有机碳；$WSA_1 \sim WSA_4$为水稳性团聚体（>2 mm，0.25～2 mm，0.05～0.25 mm，<0.05 mm）；B_1为脲酶活性；B_2为过氧化氢酶活性；B_3为转化酶活性；**为在0.01水平显著相关；*为在0.05水平显著相关。

秸秆输入条件下，土壤中有机碳组分、团聚体与土壤酶活性的相关性如表9-4所示。秸秆输入后，土壤中仅>2 mm粒级团聚体与活性有机碳组分MBC、DOC极显著正相关，而MBC、DOC与小颗粒团聚体则呈显著负相关。由此表明，秸秆输入土壤后，主要促进了>2 mm的较大颗粒团聚体的形成。土壤小颗粒团聚体在秸秆初步降解所产生的腐殖酸作用下，主要凝聚成了较大粒级的结构体，土壤中的活性有机碳组分则被包裹在形成的大颗粒结构体中。Malhi and Lemke（2007）长期定位实验表明，秸秆添加显著降低了<0.83 mm粒级的团聚体含量，却显著增加了较大颗粒团聚体的含量。除此之外，秸秆添加后，土壤结构体仅与脲酶活性呈显著正相关，而与转化酶、过氧化氢酶活性相关性不显著。表明在秸秆输入后，对土壤结构改善、活性碳库储量受脲酶活性影响较大。脲酶具有很强专一性，作用于C—N键。由此推断，秸秆输入若无氮素的对应添加，土壤脲酶活性则受到抑制，不利于土壤结构的改善和肥力的增加。

9.3.3   生物质炭和秸秆碳输入下作物生长指标及产量与土壤酶活性的相关性

生物质炭输入下，作物生长指标、产量与土壤酶活性之间相关性如表9-5所示。作物净光合速率、叶绿素、产量与土壤脲酶、过氧化氢酶活性呈显著负相关。说明生物质炭添加的土壤中，微生物生长繁殖与作物生长之间存在对氮素等无机养分的竞争关系，适当的无机肥料配施将更加有助于作物的生长。除此之外，生物质炭添加下，作物净光合速率与转化酶活性成极显著正相关，表明土壤中生物质炭的引入，有利于土壤有机物质的转化和作物的生长发育。Bruun等（2009）研究也表明，对于养分含量较低的土壤，生物质炭的添加可以显著增加作物产量。

表9-5   生物质炭输入下小麦光合速率、叶绿素、产量与土壤酶活性相关性

项目	X_1	X_2	X_3	B_1	B_2	B_3
X_1	1					
X_2	0.849**	1				
X_3	0.597	0.868*	1			
B_1	−0.518	−0.735	−0.928**	1		
B_2	−0.791*	−0.831*	−0.769*	0.739	1	
B_3	0.928**	0.73	0.451	−0.475	−0.761*	1

注：X_1为净光合速率；X_2为叶绿素；X_3为小麦产量；B_1为脲酶活性；B_2为过氧化氢酶活性；B_3为转化酶活性；**为在0.01水平显著相关；*为在0.05水平显著相关。

结合9.3.2部分中生物质炭添加后，土壤结构指标、有机碳与土壤酶活性相关性规律可以发现，生物质炭添加后，是通过激发土壤中脲酶和过氧化氢酶的活性，促进了土壤中>0.25 mm粒级水稳性大颗粒团聚体的形成和活性碳库的储量，而对于作物生长的促进作用则主要通过激发转化酶的活性，增强了作物不同生育期的光合作用。生物质炭添加后，在土壤结构、肥力改善和对小麦生长的促进等方面的共同作用下，增加了作物干物质的累积。

秸秆输入下，作物生长指标、产量与土壤酶活性之间相关性如表9-6所示。秸秆添加后，小麦生长指标如净光合速率、叶绿素、产量与土壤中脲酶活性呈显著或极显著负相关。转化酶、过氧化氢酶活性则与作物产量无显著相关性。说明

秸秆添加后，作物的生长和干物质累积，主要受土壤中脲酶活性的影响，微生物与作物之间存在对土壤速效氮素的激烈竞争。结合9.3.2部分中土壤结构、有机碳与酶活性的相关性规律可以发现，秸秆添加后，通过其自身分解产生的腐殖酸等，主要增加了土壤中>2 mm粒级大颗粒团聚体的形成，并将活性碳素紧紧包裹在该粒级结构体中。这就使得在秸秆大量添加后，土壤结构体疏水性增大，土壤结构恶化，氮素等养分流失严重，脲酶活性的增强与作物生长之间存在对氮素的竞争加剧，不利于作物生长和干物质的积累。

表9-6　秸秆碳输入下小麦光合速率、叶绿素、产量与土壤酶活性相关性

项目	X_1	X_2	X3	B_1	B_2	B_3
X_1	1					
X_2	0.815*	1				
X_3	0.828*	0.847*	1			
B_1	−0.826*	−0.891**	−0.973**	1		
B_2	−0.757*	−0.617	−0.349	0.426	1	
B_3	0.644	0.466	0.393	−0.511	−0.655	1

注：X_1为净光合速率；X_2为叶绿素；X_3为小麦产量；B_1为脲酶活性；B_2为过氧化氢酶活性；B_3为转化酶活性；**为在0.01水平显著相关；*为在0.05水平显著相关。

9.4　小结

不同耕作模式管理系统中，土壤中POC含量的累积增加，会促进土壤中大颗粒团聚体的形成；POM-AOC相对于POC和OOC，当耕作方式对土壤结构产生影响时具有更强灵敏性。

生物质炭添加后，是通过激发土壤中脲酶和过氧化氢酶的活性，促进了土壤中>0.25 mm粒级水稳性大颗粒团聚体的形成和活性碳库的储量，而对于作物生长的促进作用则与转化酶活性的激发有关，增强了作物不同生育期的光合作用。

秸秆添加后，主要增加了土壤中>2 mm粒级大颗粒团聚体的形成，并将活性碳素紧紧包裹在该粒级结构体中，土壤脲酶活性的增强与作物生长之间存在对氮素的竞争加剧，不利于作物生长和干物质的积累。

10　总结与展望

10.1　主要结论

　　农业生产管理措施（例如耕作、作物秸秆管理、作物轮作体系等）对于土壤中碳素的固定、土壤结构及土壤肥力具有决定性作用。由于不同区域自然环境和土壤质地的不同，保护性耕作措施也呈现出不同的模式。本试验研究区域，耕作措施主要包括免耕（NT）、旋耕（RT）、深松（SS）及对应的秸秆还田措施。研究不同保护性耕作模式对土壤结构、SOC活性、作物产量等的影响，以及不同耕作措施下，有机碳库的敏感性的评估指标具有重要的现实意义。同时，秸秆在土壤中的大量输入，容易产生例如温室气体排放过量等环境影响，而研究区域每年农业活动所产生的大量农业废弃物（秸秆、果蔬枝条等），严重制约着当地的农业经济发展。农业废弃物的生物质炭热解，便成为解决这一问题的有效途径。然而生物质炭自身也存在不确定性，是否是优于秸秆材料的土壤质量改善材料还有待进一步试验验证。因此，本研究通过长期定位大田试验，评估不同耕作模式，对土壤结构稳定性、土壤有机碳库、作物产量的影响；生物质炭和秸秆碳等碳量输入下的小麦盆栽试验和室内培养试验，研究小麦不同生育期时的土壤活性有机碳库、有机碳官能团、土壤结构体、作物生长情况以及土壤有机碳的矿化规律。以期为该区域合理的土壤有机质扣留措施，农业废弃物的有效利用，以及揭示外源碳输入下有机碳在土壤中的矿化规律，为土壤碳素累积与温室气体排放控制的有效平衡提供科学理论支持。研究取得的主要结论如下。

　　（1）不同保护性耕作措施相对于传统耕作，显著增加了土壤有机碳储量。免耕模式虽然促进了土壤水稳性团聚体中易氧化有机碳含量的增加，却限制了土壤大颗粒团聚体（>0.25 mm）的累积及颗粒态有机碳的活性。旋耕模式下土壤植物残渣和颗粒态有机碳累积在较浅的土表土壤中。适时的深松+秸秆还田处理有效增强和维护了土壤结构的稳定性，增加了土壤生产力，是研究区域农田环境条件下的合理耕作模式。

（2）生物质炭输入促进了土壤中水稳性大颗粒团聚体的形成，土壤结构的改善随生物质炭输入量的增加而增强。生物质炭与秸秆碳输入相比，具有更强的SOC固定作用。生物质炭的大量输入抑制了土壤微生物的活性，却显著增加了土壤DOC的含量。与之相反，过量的秸秆碳输入使得土壤主要地凝聚成更大的颗粒团聚体（>2 mm），降低了土壤结构体的可湿性，养分和水分更易向下流失。总体而言，稳健的生物质炭输入机制（如2.4%输入水平），具有最佳的土壤结构改善效果，有助于研究区域过剩农业废弃物的无害化利用。

（3）不同外源碳输入，对土壤中酶活性的影响也不尽相同。其中，生物质炭添加逐渐对土壤脲酶活性呈现先激发后抑制的规律。在小麦生长后期，抑制作用开始减弱，土壤环境达到新的平衡，脲酶活性出现增长。秸秆添加在小麦的四个生育期都明显增强了土壤脲酶活性。

生物质炭添加增大了转化酶的活性，且增幅与添加量呈正比。过量的生物质炭添加显著降低土壤转化酶活性，造成生物质材料的浪费。秸秆添加对转化酶活性影响，则取决于土壤中有机物的分解程度，当有机物质腐解程度达到最高峰时，土壤转化酶活性最大。

生物质炭的添加量增大，对土壤过氧化氢酶的活性的抑制作用也逐渐增强。秸秆添加后，过氧化氢酶活性在不同生育期呈现先增加后降低的趋势，变化幅度与秸秆添加量呈正比。

生物质炭添加促进了土壤脲酶与底物的亲和力，增大了土壤中脲酶酶促反应的潜在容量。秸秆3%输入水平下，土壤脲酶与底物的亲和力最大，且土壤脲酶潜在容量高于生物质炭添加。过量的秸秆输入则会导致秸秆资源的浪费。生物质炭添加抑制了脲酶的催化能力，增大了脲酶在土壤中的存留时间，而秸秆添加却呈现相反的作用。随生物质炭添加量的增大，酶促反应速率逐渐提高；秸秆在3%添加水平下，酶促反应速率最大。

生物质炭或秸秆添加都明显增加了土壤转化酶和底物的亲和程度，秸秆的少量添加（1%），酶和底物的亲和力在所有处理中最大。生物质炭的过量添加（8%）降低了转化酶的催化能力，以及土壤转化酶的酶促反应潜在容量。秸秆在3%水平添加时，转化酶对有机物质的分解潜在容量较大。

（4）生物质炭和秸秆碳输入，相对于原土，虽然没有改变土壤中有机碳官能团的种类，但却改变了不同有机碳官能团的组成比例，即改变了土壤有机碳的化学稳定性。生物质炭添加，是土壤芳香族C—H碳、芳香族胺基、芳香酮、酯类等碳的主要来源；秸秆碳添加，则是土壤烯烃类碳，以及土壤多糖的主要来源。秸秆碳1%和生物质炭2.4%添加水平下，土壤黏粒—OH出现较强的载荷峰，两者对于土壤结构的改善作用强于其他外源碳添加模式。

（5）通过210 d的不同外源碳添加土壤培养试验，生物质炭和小麦秸秆均可以显著提高土壤有机碳含量，但过多的秸秆输入不利于土壤有机碳含量的进一步增加。在相同碳量的生物质炭和秸秆碳输入下，秸秆显著增加了土壤CO_2的累积释放量。生物质炭的适量添加（0.8%、2.4%）可以降低土壤CO_2的释放，而过量添加（8.0%）则会明显增强土壤CO_2的排放。秸秆输入会增加土壤活性有机碳库，而生物质炭输入则增加了土壤惰性有机碳库，但过量的生物质炭添加对于活性碳库也会呈现一定的增加作用。不同外源有机碳添加，都会增大土壤有机碳的半衰期。生物质炭添加下，有机碳半衰期与添加量呈正比；而秸秆添加下，半衰期则呈现相反的规律。外源有机碳的输入对土壤水稳定性大颗粒团聚体（0.25～2 mm）易氧化有机碳含量的影响最大，对土壤微团聚体（<0.05 mm）中易氧化有机碳的影响相对较小。相同碳量添加条件下，生物质炭输入相对于秸秆，更有助于土壤不同粒径水稳定性团聚体中易氧化有机碳含量的增加。

（6）生物质炭输入可以显著促进作物生长和产量的增加，而其大量输入会对植株的生长产生一定抑制作用，造成生物资源的浪费。秸秆在小麦生长初期的添加会产生与作物的竞争关系，但随着秸秆中易分解有机成分的初步降解，少量添加（1%）措施表现出了对作物生长和产量的促进作用，但较大添加量下（3%和10%），则对作物生长的抑制作用随秸秆添加量的增大而增强。

（7）由不同耕作体系和外源碳体系下，土壤结构指标，有机碳库指标、作物生长指标间相关性结果可知，不同耕作模式管理系统中，土壤中POC含量的累积增加，会促进土壤中大颗粒团聚体的形成；POM-AOC相对于POC和OOC，当耕作方式对土壤结构产生影响时具有更强灵敏性。

生物质炭添加后，是通过激发土壤中脲酶和过氧化氢酶的活性，促进了土壤中>0.25 mm粒级水稳性大颗粒团聚体的形成和活性碳库的储量，而对于作物生长的促进作用则与转化酶活性的激发有关，增强了作物不同生育期的光合作用。秸秆添加后，主要增加了土壤中>2 mm粒级大颗粒团聚体的形成，并将活性碳素紧紧包裹在该粒级结构体中，土壤脲酶活性的增强与作物生长之间存在对氮素的竞争加剧，不利于作物干物质的积累。

10.2　研究创新点

本书系统研究了不同耕作模式（深松、旋耕、免耕及秸秆还田措施）下，土壤水稳性团聚体粒级分布、颗粒有机碳、结构体中活性有机碳库的响应；以及不同外源碳（生物质炭、秸秆碳）输入下，土壤在小麦不同生育期时的土壤活性有机碳库、酶活性和动力学、有机碳化学稳定性、土壤结构体以及作物生长等指标的变化规律，以期为该区域提供合理的耕作体系和土壤有机质扣留措施，以及为农业废弃物的有效利用提供科学理论支持。与目前的研究相比，本研究创新点主要包括如下方面。

（1）目前对于生物质炭输入下，与土壤团聚体具体作用机理存在争议，有研究者认为生物质炭主要与土壤大颗粒团聚体进行作用，进而影响土壤整体性状，也有研究者则认为主要是通过与小颗粒团聚体相互作用。本研究采用电镜扫描和傅立叶红外技术，清晰地追踪了生物质炭与土壤结构体的作用过程。

（2）保护性耕作措施在目前的研究来看主要是指免耕措施，而研究区域因为土壤和环境条件的不同，产生了因地制宜的多种保护性耕作模式，本研究系统地对这些耕作管理模式进行了评估，为当地农业环境条件下耕作模式的优化，以及不同耕作措施下土壤相关指标的灵敏度评估提供理论依据。

（3）对不同外源碳输入下，土壤结构指标、酶活性指标及作物生长指标间进行相关性分析，探明了不同外源碳对于作物有效性的作用途径；利用双碳库指数模型，从定量的角度揭示了不同外源碳输入下，土壤活性碳库、惰性碳库的矿化规律。同时，采用傅立叶红外光谱，研究了生物质炭和秸秆碳对土壤有机碳的化学组成稳定性（有机碳官能团），揭示了不同外源碳在腐殖化过程中有机碳组成和性质的变化规律。

10.3　研究中的不足

（1）土壤过氧化氢酶动力学在测定过程中，由于测定方法中所需持续的时间较长，且酶活性较低，导致分解无法成功检出相关数据。因此，过氧化氢酶动力学测定时，更低检出限和时间间隔的方法需要探索。

（2）在研究不同外源碳在土壤中矿化规律时，CO_2的排放是土壤碳素转化的一个方面，碳素还可通过CH_4和溶解态碳的形式流失，而对于这部分碳素所占的比例及对应来源目前还没有相关的测定。

10.4　研究展望

（1）可靠的数据应该是在人工气候室得出，然后在大田条件下的多点试验予以验证，才能得到合乎客观实际的结论。因此，在不同土地类型、利用方式条件下，不同外源碳输入对土壤结构、理化性质、有机碳循环规律及作物有效性的影响，还有待进一步研究，以期得到更加客观的结论。

（2）在研究不同外源碳的矿化规律时，碳素半衰期的变化不仅与外源碳材料自身的特性有关，也与土壤结构体对其封闭作用有关。因此，土壤团聚体中碳的稳定性对土壤有机碳库的半衰期的影响还需要进一步深入研究。

参考文献

曹慧，孙辉，杨浩，等，2003. 土壤酶活性及其对土壤质量的指示研究进展[J]. 应用与环境生物学报，9（1）：105-109.

崔明，赵立欣，田宜水，等，2008. 中国主要农作物秸秆资源能源化利用分析评价[J]. 农业工程学报，24（12）：291-296.

段华平，牛永志，李凤博，等，2008. 耕作方式和秸秆还田对直播稻产量及稻田土壤碳固定的影响[J]. 江苏农业学报，25（3）：706-708.

付琳琳，2013. 生物质炭施用下稻田土壤有机碳组分、腐殖质组分及团聚体特征研究[D]. 南京：南京农业大学.

高明，周保同，魏朝富，等，2004. 不同耕作方式对稻田土壤动物、微生物及酶活性的影响研究[J]. 应用生态学报，15（7）：1177-1181.

关松荫，1986. 土壤酶及其研究法[M]. 北京：农业出版社.

胡正华，杨燕萍，李涵茂，等，2010. UV-B增强与秸秆施用对土壤-大豆系统呼吸速率和N_2O排放的影响[J]. 中国环境科学，30（4）：539-543.

花莉，金素素，洛晶晶，2012. 生物质炭输入对土壤微域特征及土壤腐殖质的作用效应研究[J]. 生态环境学报，21（11）：1795-1799.

黄超，刘丽君，章明奎，2011. 生物质炭对红壤性质和黑麦草生长的影响[J]. 浙江大学学报（农业与生命科学版），37（4）：439-445.

劳秀荣，吴子一，高燕春，2002. 长期秸秆还田改土培肥效应的研究[J]. 农业工程学报，18（2）：49-52.

李婷，赵世伟，李晓晓，等，2012. 宁南山区不同年限苜蓿地土壤有机质官能团特征[J]. 应用生态学报，23（12）：3266-3272.

李小刚，崔志军，王玲英，2002. 施用秸秆对土壤有机碳组成和结构稳定性的影响[J]. 土壤学报，39（3）：421-428.

李长生，2000. 土壤碳储量减少：中国农业之隐患：中美农业生态系统碳循环对比研究[J]. 第四纪研究，20（4）：345-350.

刘晓利，何园球，李成亮，等，2009. 不同利用方式旱地红壤水稳性团聚体及其碳、氮、磷分布特征[J]. 土壤学报，46（2）：255-262.

刘阳，李吾强，温晓霞，等，2008. 玉米秸秆还田对接茬冬小麦旗叶光合特性的影响[J]. 西北农业学报，17（2）：80-85.

刘玉学，刘微，吴伟祥，等，2008. 土壤生物质炭环境行为与环境效应[J]. 应用生态学报，20（4）：977-982.

陆海楠，胡学玉，刘红伟，2013. 不同裂解条件对生物炭稳定性的影响[J]. 环境科学与技术，36（8）：17-20.

吕元春，薛丽佳，尹云锋，等，2013. 外源新碳在不同类型土壤团聚体中的分配规律[J]. 土壤学报，50（3）：534-539.

马二登，马静，徐华，等，2007. 稻秆还田方式对麦田N_2O排放的影响[J]. 土壤，39（6）：870-873.

彭义，解宏图，李军，等，2013. 免耕条件下不同秸秆覆盖量的土壤有机碳红外光谱特征[J]. 中国农业科学，46（11）：2257-2264.

彭正萍，门明新，薛世川，等，2005. 腐殖酸复合肥对土壤养分转化和土壤酶活性的影响[J]. 河北农业大学学报，28（4）：1-4.

邱莉萍，刘军，王益权，等，2004. 土壤酶活性与土壤肥力的关系研究[J]. 植物营养与肥料学报，10（3）：277-280.

曲学勇，宁堂原，2009. 秸秆还田和品种对土壤水盐运移及小麦产量的影响[J]. 中国农学通报，25（11）：65-69.

尚杰，耿增超，陈心想，等，2015. 生物炭对土壤酶活性和糜子产量的影响[J]. 干旱地区农业研究，33（2）：146-151.

孙瑞莲，赵秉强，朱鲁生，等，2003. 长期定位施肥对土壤酶活性的影响及其调控土壤肥力的作用[J]. 植物营养与肥料学报，9（4）：406-410.

谭德水，金继运，黄绍文，2008. 长期施钾与秸秆还田对西北地区不同种植制度下作物产量及土壤钾素的影响[J]. 植物营养与肥料学报，14（5）：886-893.

汪炳炎，徐建文，1991. 秸秆还田培肥改土试验研究[J]. 土壤通报（4）：195-199.

王法宏，任德昌，王旭清，2001. 施肥对小麦根系活性、延缓旗叶衰老及产量的效应[J]. 麦类作物学报，12（3）：51-54.

王茹，侯书林，赵立欣，等，2013.生物质热解炭化的关键影响因素分析[J].可再生能源，31（6）：90-95.

吴菲，2005.玉米秸秆连续多年还田对土壤理化性状和作物生长的影响[D].北京：中国农业大学.

向艳文，郑圣先，廖育林，等，2009.长期施肥对红壤水稻土水稳性团聚体有机碳、氮分布与储量的影响[J].中国农业科学，42（7）：2415-2424.

徐国伟，段骅，王志琴，等，2009.麦秸还田对土壤理化性质及酶活性的影响[J].中国农业科学，42（3）：934-942.

许绣云，姚贤良，刘克樱，等，1996.长期施用有机物料对红壤性水稻土的物理性质的影响[J].土壤，28（2）：57-61.

薛立，陈红跃，邝立刚，2003.湿地松混交林地土壤养分、微生物和酶活性的研究[J].应用生态学报，14（1）：157-159.

尹云峰，高人，马红亮，等，2013.稻草及其制备的生物质炭对土壤团聚体有机碳的影响[J].土壤学报，50（5）：909-914.

张葛，窦森，谢祖彬，等，2016.施用生物质炭对土壤腐殖质组成和胡敏酸结构特征影响[J].环境科学学报，36（2）：614-620.

张文玲，李桂花，高卫东，2009.生物质炭对土壤性状和作物产量的影响[J].中国农学通报，25（17）：153-157.

张旭东，梁超，诸葛玉平，等，2003.黑碳在土壤有机碳生物地球化学循环中的作用[J].土壤通报，34（4）：349-355.

周桂玉，窦森，刘世杰，2011.生物质炭结构性质及其对土壤有效养分和腐殖质组成的影响[J].农业环境科学学报，30（10）：2075-2080.

周礼恺，张志明，陈恩凤，1981.黑土的酶活性[J].土壤学报，18（2）：158-165.

周凌云，周刘宗，徐梦雄，1996.农田秸秆覆盖节水效应研究[J].生态农业研究，4（3）：49-52.

朱捍华，黄道友，刘守龙，等，2008.稻草易地还土对丘陵红壤团聚体碳氮分布的影响[J].水土保持学报，22（2）：135-140.

朱铭莪，2011.土壤酶动力学及热力学[M].北京：科学出版社.

邹国元，张福锁，陈新平，等，2001.秸秆还田对旱地土壤反硝化的影响[J].中国农业科技导报，3（6）：47-50.

ABEL S, PETERS A, TRINKS S, et al., 2013. Impact of biochar and hydrochar addition on water retention and water repellency of sandy soil[J]. Geoderma, 202: 183–191.

ALMARAZ J J, ZHOU X, MABOOD F, et al., 2009. Greenhouse gas fluxes associated with soybean production under two tillage systems in southwestern Quebec[J]. Soil and Tillage Research, 104: 134–139.

ÁLVARO-FUENTES J, ARRÚE J L, CANTERO-MARTÍNEZ C, et al., 2008. Aggregate breakdown during tillage in a Mediterranean loamy soil[J]. Soil and Tillage Research, 101: 62–68.

AMELOOT N, NEVE S D, JEGAJEEVAGAN K, et al., 2013. Short-term CO_2 and N_2O emissions and microbial properties of biochar amended sandy loam soils[J]. Soil Biology and Biochemistry, 57: 401–410.

ANGERS D A, SAMSON N, LEGERE A, 1993. Early changes in water-stable aggregation induced by rotation and tillage in a soil under barley production[J]. Canadian Journal of Soil Science, 73: 51–59.

ANNABI M, HOUOT S, FRANCOU C, et al., 2007. Soil aggregate stability improvement with urban composts of different maturities[J]. Soil Science Society of America Journal, 71: 413–423.

ANTAL M J, GRONLI M, 2003. The art, science, and technology of charcoal production[J]. Industrial and Engineering Chemistry Research, 42: 1619–1640.

ASADA T, OHKUBO T, KAWATA K, et al., 2006. Ammonia adsorption on bamboo charcoal with acid treatment[J]. Journal of Health Science, 52: 585–589.

ASAI H, SAMSON B K, STEPHAN H M, et al., 2009. Biochar amendment techniques for upland rice production in orthern Laos: 1[J]. Field Crops Research, 111: 81–84.

ASCOUGH P L, STURROCK C J, BIRD M I, 2010. Investigation of growth responses in saprophytic fungi to charred biomass[J]. Isotopes in Environmental and Health Studies, 46: 64–77.

ATKINSON C J, FITZGERALD J D, HIPPS N A, 2010. Potential mechanisms for achieving agricultural benefits from biochar application to temperate soils: a review[J]. Plant and Soil, 337: 1-18.

AYOUB A T, 1998. Extent, severity and causative factors of land degradation in the Sudan[J]. Journal of Arid Environments, 38: 397-409.

AZIZ A K, BONSU M, TUFFOUR H O, 2015. Management of soil carbon stock through conservation tillage and crop residue retention[J]. Applied Research Journal, 1: 403-407.

BALDOCK J A, SMERNIK R J, 2002. Chemical composition and bioavailability of thermally altered Pinus resinosa (Red Pine) wood[J]. Organic Geochemistry, 33: 1093-1109.

BARRETO P A B, GAMA-RODRIGUES E F, GAMA-RODRIGUES A C, et al., 2011. Distribution of oxidizable organic C fractions in soils under cacao agroforestry systems in Southern Bahia, Brazil[J]. Agroforestry Systems, 81: 213-220 .

BHOGAL A, CHAMBERS B J, WHITMORE A P, et al., 2007. The effect of reduced tillage practices and organic matter additions on the carbon content of arable soils[J]. Department of Environment, Food and Rural Affairs, 3: 47.

BLAIR G J, LEFROY R D B, LISLE L, 1995. Soil carbon fractions based on their degree of oxidation, and the development of a carbon management index for agricultural systems[J]. Australian Journal of Agricultural Research, 46: 1459-1466.

BLANCO-CANQUI H, LAL R, 2007. Soil structure and organic carbon relationships following 10 years of wheat straw management in no-till[J]. Soil and Tillage Research, 95: 240-254.

BLANCO-CANQUI H, LAL R, 2008. No-tillage and soil-profile carbon sequestration: An on farm assessment[J]. Soil Science Society of America Journal, 72: 693-701.

BRITO I, CARVALHO M, VAN TUINEN D, et al., 2006. Effects of soil management on the arbuscular mycorrhizal fungi in fall-sown crops in Mediterranean climates[J]. Catena Verlag GMBH, 5: 149-156.

BRONICK C J, LAL R, 2005. Soil structure and management: a review[J]. Geoderma, 124: 3-22.

BRUUN S, JENSEN E S, JENSEN L S, 2008. Microbial mineralization and assimilation of black carbon: dependency on degree of thermal alteration[J]. Organic Geochemistry, 39: 839-845.

BRUUN S, EL-ZAHERY T, JENSEN L, 2009. Carbon sequestration with biochar-stability andeffect on decomposition of soil organic matter[J]. IOP Conference Series: Earth and Environmental Science, 6: 242-250.

BRUUN E W, AMBUS P, EGSGAARD H, et al., 2012. Effects of slow and fast pyrolysis biochar on soil C and N turnover dynamics[J]. Soil Biology and Biochemistry, 46: 73-79.

CABRERA A, COX L, SPOKAS K, et al., 2014. Influence of biochar amendments on the sorption-desorption of aminocyclopyrachlor, bentazone and pyraclostrobin pesticides to an agricultural soil[J]. Science of The Total Environment, 470: 438-443.

CAMBARDELLA C A, ELLIOTT E T, 1992. Particulate soil organic-matter changes across a grassland cultivation sequence[J]. Soil Science Society of America Journal, 56: 777-783.

CANNELL R Q, CHRISTIAN D G, HENDERSON F K G, 1986. A study of mole drainage with simplified cultivations for autumn-sown crops on a clay soil. IV. A comparison of direct drilling and mouldboard ploughing on drained and undrained land on root and shoot growth, nutrient uptake and yield[J]. Soil and Tillage Research, 7: 251-272.

CARVALHO M, BASCH G, 1995. Long term effects of two different soil tillage treat-ments on a Vertisol in Alentejo region of Portugal[J]. Wissenschaftlicher Fachverlag, 6: 17-23.

CASE S D C, MCNAMARA N P, REAY D S, et al., 2014. Can biochar reduce soil greenhouse gas emissions from a Miscanthus bioenergy crop[J]. GCB Bioenergy, 6: 76-89.

CHAN K Y, VAN ZWIETEN L, MESZAROS I, et al., 2007. Agronomic values of green waste biochar as a soil amendment[J]. Australian Journal of Soil Research, 45: 629-634.

CHAN K Y, BOWMAN A, OATES A, 2001. Oxidizible organic carbon fractions and soil quality changes in an oxic paleustalf under different pasture leys[J]. Soil

Science, 166: 61-67.

CHAN K Y, VAN ZWIETEN L, MESZAROS I, et al., 2008. Using poultry litter biochars as soil amendments[J]. Australian Journal of Soil Research, 46: 437-444.

CHATSKIKH D, OLESEN J E, 2007. Soil tillage enhanced CO_2 and N_2O emissions from loamy sand soil under spring barley[J]. Soil and Tillage Research, 97: 5-18.

CHENU C, PLANTE A F, 2006. Clay-sized organo-mineral complexes in a cultivation chronosequence: revisiting the concept of the 'primary organo-mineral complex' [J]. European Journal of Soil Science, 57: 596-607.

CHINCHALIKAR A J, ASWAL V K, KOHLBRECHER J, et al., 2012. Evolution of structure and interaction during aggregation of silica nanoparticles in aqueous electrolyte solution[J]. Chemical Physics Letters, 542: 74-80.

CHRISTENSEN B T, 2000. Organic matter in soil-structure, function and turnover[J]. Dias Report Plant Production, 30: 95.

COSTANTINI A, COSENTINO D, SEGAT A, 1996. Influence of tillage systems on biological properties of a Typic Argiudoll soil under continuous maize in central Argentina[J]. Soil and Tillage Research, 38: 265-271 .

CROSS A, SOHI S P, 2011. The priming potential of biochar products in relation to labile carbon contents and soil organic matter status[J]. Soil Biology and Biochemistry, 43: 2127-2134.

DAS K C, GARCIA-PEREZ M, BIBENS B, et al., 2008. Slow pyrolysis of poultry litter and pine woody biomass: impact of chars and bio-oils on microbial growth[J]. Journal of Environmental Science and Health, Part A: Toxic/Hazardous Substances and Environmental Engineering, 43: 714-724.

DEMISIE W, LIU Z, ZHANG M, 2014. Effect of biochar on carbon fractions and enzyme activity of red soil[J]. Catena, 121: 214-221.

DENEF K, SIX J, BOSSUYT H, et al., 2001. Influence of dry-wet cycles on the interrelationship between aggregate, particulate organic matter, and microbial community dynamics[J]. Soil Biology and Biochemistry, 33: 1599-1611.

DENEF K, SIX J, 2005. Clay mineralogy determines the importance of biological versus abiotic processes for macroaggregate formation and stabilization[J]. European

Journal of Soil Science, 56: 469-479.

DENEF K, ZOTARELLIA L, BODDEY R M, et al., 2007. Microaggregate associated carbon as a diagnostic fraction for management induced changes in soil organic carbon in two Oxisols[J]. Soil Biology and Biochemistry, 39: 1165-1172.

DERENNE S, LARGEAU C, 2001. A review of some important families of refractory macromolecules: composition, origin, and fate in soils and sediments[J]. Soil Science, 166: 833-847.

DOLAN M S, CLAPP C E, ALLMARAS R R, et al., 2006. Soil organic carbon and nitrogen in a Minnesota soil as related to tillage, residue and nitrogen management[J]. Soil and Tillage Research, 89: 221-231.

DU C, ZHOU J, 2011. Application of infrared photoacoustic spectroscopy in soil analysis[J]. Applied Spectroscopy Reviews, 46: 405-422.

DUVAL M E, GALANTINI J A, IGLESIAS J O, et al., 2013. Analysis of organic fractions as indicators of soil quality under natural and cultivated systems[J]. Soil and Tillage Research, 131: 11-19.

EHLERS W, CLAUPEIN W, CARTER M R, 1994. Approaches toward conservation tillage in Germany[M]. Boca Raton: Lewis Publishers.

EKEBERG E, RILEY H C F, 1997. Tillage intensity effects on soil properties and crop yields in a long-term trial on morainic loam soil in southeast Norway[J]. Soil and Tillage Research, 42: 277-293.

ELLERT B H, BETTANY J R, 1995. Calculation of organic matter and nutrients stored in soils under contrasting management regimes[J]. Canadian Journal of Soil Science, 75: 529-538.

ELLIOTT E T, 1986. Aggregate structure and carbon, nitrogen, and phosphorus in native and cultivated soils[J]. Soil Science Society of America Journal, 50: 627-633.

FANG Y, SINGH B, SINGH B P, et al., 2014. Biochar carbon stability in four contrasting soils[J]. European Journal of Soil Science, 65: 60-71.

FERNANDEZ-UGALDE O, VIRTO I, BESCANSA P, et al., 2009a. No-tillage improvement of soil physical quality in calcareous, degradation-prone, semiarid soils[J]. Soil and Tillage Research, 106: 29-35.

FRANKINET M, ROISIN C, 1989. Regional experiences with reduced tillage in Belgium[J]. Commission of the European Communities, 11258: 55-65.

FRANZLUEBBERS A J, 2002. Soil organic matter stratification ratio as an indicator of soil quality[J]. Soil and Tillage Research, 66: 95-106.

FUENTES M, HIDALGO C, ETCHEVERS J, et al., 2012. Conservation agriculture, increased organic carbon in the top-soil macro-aggregates and reduced soil CO_2 emissions[J]. Plant and Soil, 355: 183-197.

GHANI A, DEXTER M, PERROTT K W, 2003. Hot-water extractable carbon in soils: a sensitive measurement for determining impacts of fertilization, grazing and cultivation[J]. Soil Biology and Biochemistry, 35: 1231-1243.

GLASER B, LEHMANN J, ZECH W, 2002. Ameliorating physical and chemical properties of highly weathered soils in the tropics with charcoal-a review[J]. Biology and Fertility of Soils, 35: 219-230.

GONG W, YAN X, WANG J, et al., 2009. Long-term manuring and fertilization effects on soil organic carbon pools under a wheat-maize cropping system in North China Plain[J]. Plant and Soil, 314: 67-76.

GOVI M, FRANCIOSO O, CIAVATTA C, et al., 1992. Influence of long-term residue and fertilizer applications on soil humic substances: A study by electrofocusing[J]. Soil Science, 154: 8-13.

HALE S E, KELLY H, JOHANNES L, et al., 2011. Effects of chemical, biological, and physical aging as well as soil addition on the sorption of pyrene to activated carbon and biochar[J]. Environmental Science and Technology, 45: 10445-10453.

HAMER U, MARSCHNER B, BRODOWSKI S, et al., 2004. Interactive priming of black carbon and glucose mineralisation[J]. Organic Geochemistry, 35: 823-830.

HANSEN E M, MUNKHOLM L J, OLESEN J E, et al., 2015. Nitrate leaching, yields and carbon sequestration after noninversion tillage, catch crops, and straw retention[J]. Journal of Environmental Quality, 44: 868-881.

HARDIE M, CLOTHIER B, BOUND S, et al., 2014. Does biochar influence soil physical properties and soil water availability[J]. Plant and Soil, 376: 347-361.

HENRIKSEN T M, BRELAND T A, 2002. Carbon mineralization, fungal and bacterial growth, and enzyme activities as affected by contact between crop residues and soil[J]. Biology and Fertility of Soils, 35: 41-48.

HERMLE S, ANKEN T, LEIFELD J, et al., 2008. The effect of the tillage system on soil organic carbon content undermoist, cold-temperate conditions[J]. Soil and Tillage Research, 98: 94-105.

HILSCHER A, HEISTER K, SIEWERT C, et al., 2009. Mineralisation and structural changes during the initial phase of microbial degradation of pyrogenic plant residues in soil[J]. Organic Geochemistry, 40: 332-342.

HOCKADAY W C, 2006. The organic geochemistry of charcoal black carbon in the soils of the university of Michigan biological station[D]. Columbus: Ohio State University.

HSHIEH F Y, RICHARDS G N, 1989. Factors influencing chemisorption and ignition of wood chars[J]. Combustion and Flame, 76: 37-47.

HUANG Q, HU F, LI H, et al., 2006. Crop yield response to fertilization and its relations with climate and soil fertility in red paddy soil[J]. Acta Pedologica Sinica, 43: 926-933.

HUANG J Y, SONG C C, 2010. Effects of land use on soil water soluble organic C and microbial biomass C concentrations in the Sanjiang Plain in northeast China. Acta Agriculture Scandinavica[J]. Plant Soil Science, 60: 182-188 .

IMAZ M J, VIRTO I, BESCANSA P, et al., 2010. Soil quality indicator response to tillage and residue management on semi-arid Mediterranean cropland[J]. Soil and Tillage Research, 107: 17-25.

JI Q, WANG Y, CHEN X N, et al., 2015. Tillage effects on soil aggregation, organic carbon fractions and grain yield in Eum-Orthic Anthrosol of a winter wheat-maize double-cropping system, Northwest China[J]. Soil Use and Manage, 31: 504-514.

JIN H, 2010. Characterization of microbial life colonizing biochar and biocharamended soils[D]. Ithaca: Cornell University.

JONES D L, ROUSK J, EDWARDS-JONES G, et al., 2012. Biochar-mediated changes in soil quality and plant growth in a three year field trial[J]. Soil Biology and Biochemistry, 45: 113-124.

KARLEN D L, WOLLENHAUPT N C, ERBACH D C, et al., 1994. Crop residue effects on soil quality following 10-years of no-till maize[J]. Soil and Tillage Research, 31: 149-167.

KEITH A, SINGH B, SINGH B P, 2011. Interactive priming of biochar and labile organic matter mineralization in a smectite-rich soil[J]. Environmental Science and Technology, 45: 9611-9618.

KETTLER T A, LYON D J, DORAN J W, et al., 2000. Soil quality assessment after weed-control tillage in a no-till wheat-fallow cropping system[J]. Soil Science Society of America Journal, 64: 339-346.

KIMETU J M, LEHMANN J, NGOZE S O, et al., 2008. Reversibility of soil productivity decline with organic matter of differing quality along a degradation gradient[J]. Ecosystems, 11: 726-739.

KINDLER R, SIEMENS J, KAISER K, et al., 2011. Dissolved carbon leaching from soil is a crucial component of the net ecosystem carbon balance[J]. Global Change Biology, 17: 1167-1185.

KLADIVKO E J, 2001. Tillage systems and soil ecology[J]. Soil and Tillage Research, 61: 61-76.

KNOBLAUCH C, MARIFAAT A A, HAEFELE M S, 2008. Biochar in rice-based system: impact on carbon mineralization and trace gas emissions[R]. International Rice Research Institute, Philippiness.

KOLB S E, FERMANICH K J, DORNBUSH M E, 2009. Effect of charcoal quantity on microbial biomass and activity in temperate soils[J]. Soil Science Society of America Journal, 73: 1173-1181.

KUZYAKOV Y, SUBBOTINA I, CHEN H, et al., 2009. Black carbon decomposition and incorporation into soil microbial biomass estimated by C-14 labeling[J]. Soil Biology and Biochemistry, 41: 210-219.

LAFOND G P, WALLEY F, MAY W E, et al., 2011. Long term impact of no-till on soil properties and crop productivity on the Canadian prairies[J]. Soil and Tillage

Research, 117: 110-123.

LAGHARI M, HU Z, MIRJAT M S, et al., 2016. Fast pyrolysis biochar from sawdust improves the quality of desert soils and enhances plant growth[J]. Journal of the science of food and agriculture, 96: 199-206.

LAIRD D A, FLEMING P, DAVIS D D, et al., 2010. Impact of biochar amendments on the quality of a typical Midwestern agricultural soil[J]. Geoderma, 158: 443-449.

LAL R, KIMBLE J M, 1997. Conservation tillage for carbon sequestration[J]. Nutrient Cycling in Agroecosystems, 49: 243-253.

LAL R, 2007. Farming carbon[J]. Soil and Tillage Research, 96: 1-5.

LAL R, 2009. The plow and agricultural sustainability[J]. Journal of Sustainable Agriculture, 33: 66-84.

LANCASHIRE P D, BLEIHOLDER H, DEN B T V, et al., 1991. A uniform decimal code for growth stages of crops and weeds[J]. Annals of Applied Biology, 119: 561-601.

LEHMANN J, 2007. Bio-energy in the black[J]. Frontiers in Ecology and the Environment, 5: 381-387.

LEHMANN J, RILLIG M C, THIES J, et al., 2011. Biochar effects on soil biota - A review[J]. Soil Biology and Biochemistry, 43: 1812-1836.

LENNART M, JAN P, 2006. Impacts of rotations and crop residue treatments onsoil organic matter content in two Swedish long-term experiments[J]. Archives of Agronomy and Soil Science Journal, 52: 485-494.

LI J, ZHAO B Q, LI X Y, et al., 2008. Effects of long-term combined application oforganic and mineral fertilizers on microbial biomass, soil enzyme activities and soil fertility[J]. Agricultural Sciences in China, 7: 336-343.

LI F, WEI C, ZHANG F, et al., 2010. Water-use efficiency and physiological response of maize under partial root-zone irrigation[J]. Agricultural Water Management, 97: 1156-1164.

LIANG B, LEHMANN J, SOLOMON D, et al., 2006. Black carbon increases cation exchange capacity in soils[J]. Soil Science Society of America Journal, 70:

1719-1730.

LIN Y, MUNROE P, JOSEPH S, et al., 2012. Nanoscale organo-mineral reactions of biochars in ferrosol: an investigation using microscopy[J]. Plant and Soil, 357: 369-380.

LIANG B, LEHMANN J, SOLOMON D, et al., 2008. Stability of biomass-derived black carbon in soils[J]. Geochimica Et Cosmochimica Acta, 72: 6069-6078.

LIU Y, YANG M, WU Y, et al., 2011. Reducing CH_4 and CO_2 emissions from waterlogged paddy soil with biochar[J]. Journal of Soils and Sediments, 11: 930-939.

LIU Z, CHEN X, JING Y, et al., 2014. Effects of biochar amendment on rapeseed and sweet potato yields and water stable aggregate in upland red soil[J]. Catena, 123: 45-51.

LOPEZ-GARRIDO R, DIAZ-ESPEJO A, MADEJON E, et al., 2009. Carbon losses by tillage under semi-arid mediterranean rainfed agriculture (SW Spain) [J]. Spanish Journal of Agricultural Research, 7: 706-716.

LUO Z, WANG E, SUN O J, 2010. Can no-tillage stimulate carbon sequestration in agricultural soils? A meta-analysis of paired experiments[J]. Agriculture Ecosystems and Environment, 139: 224-231.

LUO Y, DURENKAMP M, DE NOBILI M, et al., 2011. Short term soil priming effects and the mineralisation of biochar following its incorporation to soils of different pH[J]. Soil Biology and Biochemistry, 43: 2304-2314.

MADEJON E, MURILLO J M, MORENO F, et al., 2009. Effect of long-term conservation tillage on soil biochemical properties in Mediterranean Spanish areas[J]. Soil and Tillage Research, 105: 55-62.

MALHI S S, LEMKE R, 2007. Tillage, crop residue and N fertilizer effects on crop yield, nutrient uptake, soil quality and nitrous oxide gas emissions in a second 4-yr rotation cycle[J]. Soil and Tillage Research, 96: 269-283.

MARTENS D A, FRANKENBERGER W T, 1992. Modification of infiltration rates in an organic-amended irrigated soil[J]. Agronomy Journal, 4: 707-717.

MARTÍN J V, DE IMPERIAL R M, CALVO R, et al., 2012. Carbon mineralisation kinetics of poultry manure in two soils[J]. Soil Research，50：222-228.

MARTINS M R，ANGERS D A，CORA J E，2012. Co-accumulation of microbial residues and particulate organic matter in the surface layer of a no-till Oxisol under different crops[J]. Soil Biology and Biochemistry，50：208-213.

MIDDELBURG J J，NIEUWENHUIZE J，BREUGEL P V，1999. Black carbon in marine sediments[J]. Marine Chemistry，65：245-252.

MUKHERJEE A，ZIMMERMAN A R，2013. Organic carbon and nutrient release from a range of laboratory-produced biochars and biochar-soil mixtures[J]. Geoderma，194：122-130.

MUNKHOLM L J，SCHJØNNING P，RASMUSSEN K J，et al.，2003. Spatial and temporal effects of direct drilling on soil structure in the seedling environment[J]. Soil and Tillage Research，71：163-173.

NDOR E，JAYEOBA O J，ASADU C L A，2015. Effect of biochar soil amendment on soil properties and yield of sesame varieties in Lafia，Nigeria[J]. American Journal of Experimental Agriculture，9：1-8.

NEEDELMAN B A，WANDER M M，BOLLERO G A，et al.，1999. Interaction of tillage and soil texture biologically active soil organic matter in illinois[J]. Soilence Society of America Journal，63：1326-1334.

NOVAK J M，BUSSCHER W J，LAIRD D L，et al.，2009. Impact of biochar amendment on fertility of a Southeastern Coastal Plain soil[J]. Soil Science，174：105-112.

OGLE S M，SWANA A，PAUSTIANA K，2012. No-till management impacts on crop productivity，carbon input and soil carbon sequestration[J]. Agriculture，Ecosystems and Environment，149：37-49.

OLCHIN G P，OGLE S，FREY S D，et al.，2008. Residue carbon stabilization in soil aggregates of no-till and tillage management of dryland cropping systems[J]. Soil Science Society of America Journal，72：507-513.

OORTS K，BOSSUYT H，LABREUCHE J，et al.，2007a. Carbon and nitrogen stocks in relation to organic matter fractions，aggregation and pore size distribution in no-tillage and conventional tillage in northern France[J]. European Journal of Soil

Science, 58: 248-259.

OORTS K, MERCKX R, GREHAN E, et al., 2007b. Determinants of annual fluxes of CO_2 and N_2O in long-term no-tillage and conventional tillage systems in northern France[J]. Soil and Tillage Research, 95: 133-148.

PIETIKAINEN J, KIIKKILA O, FRITZE H, 2000. Charcoal as a habitat for microbes and its effect on the microbial community of the underlying humus[J]. Oikos, 89: 231-242.

PLAZA-BONILLA D, ALVARO-FUENTES J, CANTERO-MARTINEZ C, 2014. Identifying soil organic carbon fractions sensitive to agricultural management practices[J]. Soil and Tillage Research, 139: 19-22.

POIRIER V, ANGERS D A, ROCHETTE P, et al., 2013. Initial soil organic carbon concentration influences the short-term retention of crop-residue carbon in the fine fraction of a heavy clay soil[J]. Biology and Fertility of Soils, 49: 527-535.

QIU Q, WU L, OUYANG Z, et al., 2015. Effects of plant-derived dissolved organic matter (DOM) on soil CO_2 and N_2O emissions and soil carbon and nitrogen sequestrations[J]. Applied Soil Ecology, 96: 122-130.

REES F, SIMONNOT M O, MOREL J L, 2014. Short-term effects of biochar on soil heavy metal mobility are controlled by intra-particle diffusion and soil pH increase[J]. European Journal of Soil Science, 65: 149-161.

REGINA K, ALAKUKKU L, 2010. Greenhouse gas fluxes in varying soils types under conventional and no-tillage practices[J]. Soil and Tillage Research, 109: 144-152.

REZENDE D V, NUNES O A C, OLIVEIRA A C, 2009. Photoacoustic study of fungal disease of acai (*Euterpe oleracea*) seeds[J]. International Journal of Thermophysics, 30: 1616-1625.

RILEY H, BØRRENSEN T, EKEBERG E, et al., 1994. Trends in reduced tillage research and practice in Scandinavia[M]. Boca Raton: Lewis Publishers.

RILLIG M C, MUMMEY D L, 2006. Mycorrhizas and soil structure[J]. New Phytologist, 171: 41-53.

RINNAN R, 2007. Application of near infrared reflectance and fluorescence spectroscopy to analysis of microbiological and chemical properties of arctic soil[J]. Soil Biology and Biochemistry, 39: 1664-1673.

ROGOVSKA N, FLEMING P, LAIRD D, et al., 2008. Greenhouse gas emission from soils as affected by addition of biochar[R]. Abstracts of 2008 International Annual Meetings ASA CSSA SSSA.

RONDON M A, LEHMANN J, RAMIREZ J, et al., 2007. Biological nitrogen fixation by common beans (*Phaseolus vulgaris* L.) increases with bio-char additions[J]. Biology and Fertility of Soils, 43: 699-708.

SAARNIO S, K HEIMONEN, KETTUNEN R, 2013. Biochar addition indirectly affects N_2O emissions via soil moisture and plant N uptake[J]. Soil Biology and Biochemisty, 58: 99-106 .

SADEGHI A M, ISENSEE A R, SHELTON D R, 1998. Effect of tillage age on herbicide dissipation: a sideby-side comparison using microplots[J]. Soil Science, 163: 883-890.

SHUKLA G, VARMA A, 2011. Soil Enzymology[M]. New York: Springer.

SILBER A, LEVKOVITCH I, GRABER E R, 2010. pH-dependent mineral release and surface properties of cornstraw biochar: agronomic implications[J]. Environmental Science and Technology, 44: 9318-9323.

SIMONE E K, KEVIN J F, MATHEW E D, 2009. Effect of charcoal quantity on microbial biomass and activity in temperate soils[J]. Soil Science Society of America Journal, 73: 1173-1181.

SINGH B P, COWIE A L, SMERNIK R J, 2012. Biochar carbon stability in a clayey soil as a function of feedstock and pyrolysis temperature[J]. Environmental Science and Technology, 46: 11770-11778.

SINGH P, HEIKKINEN J, KETOJA E, et al., 2015. Tillage and crop residue management methods had minor effects on the stock and stabilization of topsoil carbon in a 30-year field experiment[J]. Science of The Total Environment, 519: 337-344.

SIX J, ELLIOTT E T, PAUSTIAN K, 2000. Soil macroaggregate turnover and microaggregate formation: a mechanism for C sequestration under no-tillage agriculture[J]. Soil Biology and Biochemistry, 32: 2099 2103.

SIX J, CONANT R T, PAUL E A, et al., 2002a. Stabilization mechanisms of soil organic matter: implications for C-saturation of soils[J]. Plant and Soil, 241: 155–176.

SIX J, FELLER C, DENEF K, et al., 2002b. Soil organic matter, biota, and aggregation in temperate and tropical soils - effects of no-tillage[J]. Agronomie, 22: 755–775.

SIX J, BOSSUYT H, DEGRYZE S, et al., 2004. A history of research on the link between (micro) aggregates, soil biota, and soil organic matter dynamics[J]. Soil and Tillage Research, 79: 7–31.

SOHI S P, KRULL E, LOPEZ-CAPEL E, et al., 2010. A review of biochar and its use and function in soil[M]. San Diego: Elsevier Academic Press Inc.

SOMBRERO A, BENITO A D, 2010. Carbon accumulation in soil. Ten-year study of conservation tillage and crop rotation in a semi-arid area of Castille-Leon, Spain[J]. Soil and Tillage Research, 107: 64–70.

SOMMER R, RYAN J, MASRI S, et al., 2011. Effect of shallow tillage, moldboard plowing, straw management and compost addition on soil organic matter and nitrogen in a dryland barley/wheat-vetch rotation[J]. Soil and Tillage Research, 116: 39–46.

SPARGO J T, ALLEY M M, FOLLETT R F, et al., 2008. Soil carbon sequestration with continuous no-till management of grain cropping systems in the Virginia coastal plain[J]. Soil and Tillage Research, 100: 133–140.

SPOKAS K A, KOSKINEN W C, BAKER J M, et al., 2009. Impacts of woodchip biochar additions on greenhouse gas production and sorption/degradation of two herbicides in a Minnesota soil[J]. Chemosphere, 77: 574–581.

SPOKAS K A, 2010. Review of the stability of biochar in soils: predictability of O : C molar ratios[J]. Carbon Management, 1: 289–303.

SPOKAS K A, NOVAK J M, STEWART C E, et al., 2011. Qualitative analysis of volatile organic compounds on biochar[J]. Chemosphere, 85: 869–882.

STEINBEISSA S, GLEIXNER G, ANTONIETTI M, 2009. Effect of biochar amendment on soil carbon balance and soil microbial activity[J]. Soil Biology and Biochemistry, 41: 1301-1310.

STEINER C, TEIXEIRA W G, LEHMANN J, et al., 2007. Long term effects of manure, charcoal and mineral fertilization on crop production and fertility on a highly weathered Central Amazonian upland soil[J]. Plant and Soil, 291: 275-290.

STEINER C, DAS K C, GARCIA M, et al., 2008. Charcoal and smoke extract stimulate the soil microbial community in a highly weathered xanthic Ferralsol[J]. Pedobiologia, 51: 359-366.

STEVENSON F J, 1983. Humus chemistry; genesis, composition, reactions[J]. Humus Chemistry Genesis Composition Reactions (6): 642.

SUN F, LU S, 2014. Biochars improve aggregate stability, water retention, and pore-space properties of clayey soil[J]. Journal of Plant Nutrition and Soil Science, 177: 26-33.

TATZBER M, STEMMER M, SPIEGEL H, et al., 2007. An alternative method to measure carbonate in soils by FT-IR spectroscopy[J]. Environmental Chemistry Letters, 5: 9-12.

TEBRUGGE F, 2001. No-tillage visions-protection of soil, water and climate and influence on management and farm income[J]. World Congress on Conservation Agriculture, 1: 303-316.

VAN ZWIETEN L, KIMBER S, MORRIS S, et al., 2010. Effects of biochar from slow pyrolysis of papermill waste on agronomic performance and soil fertility[J]. Plant and Soil , 327: 235-246.

VINTEN A J A, BALL B C, O'SULLIVAN M F, et al., 2002. The effect of cultivation method, fertilizer input and previous sward type on organic C and N storage and gaseous losses under spring and winter barley following long-term leys[J]. The Journal of Agricultural Science, 139: 231-243.

VOGELER I, ROGASIK J, FUNDER U, et al., 2009. Effect of tillage systems and P-fertilization on soil physical and chemical properties, crop yield and nutrient uptake[J]. Soil and Tillage Research, 103: 137-143.

WANDER M M, BIDART M G, AREF S, 1998. Tillage impacts on depth distribution of total and particulate organic matter in three Illinois soils[J]. Soil Science Society of America Journal, 62: 1704-1711.

WANG J, SHANG Z, WANG Z, et al., 2010. Energy value analysis comparison of farmers'apple industry ecosystem in central and northern Shaanxi[J]. Chinese Journal of Forestry Economics, 3: 94-98.

WARDLE D A, NILSSON M C, ZACKRISSON O, 2008. Fire-derived charcoal causes loss of forest humus[J]. Science, 320: 627-629.

WARNOCK D D, LEHMANN J, KUYPER T W, et al., 2007. Mycorrhizal responses to biochar in soil-Concepts and mechanisms[J]. Plant and Soil, 300: 9-20.

WENGEL M, KOTHE E, SCHMIDT C M, et al., 2006. Degradation of organic matter from black shales and charcoal by the wood-rotting fungus Schizophyllum commune and release of DOC and heavy metals in the aqueous phase[J]. Science of the Total Environment, 367: 383-393.

WEST T O, POST W M, 2002. Soil organic carbon sequestration rates by tillage and crop rotation: A global data analysis[J]. Soil Science Society of America Journal, 66: 1930-1946.

WOOLF D, AMONETTE J E, STREET-PERROTT F A, et al., 2010. Sustainable biochar to mitigate global climate change[J]. Nature Communications, 1: 118-124.

WU F, JIA Z, WANG S, et al., 2013. Contrasting effects of wheat straw and its biochar on greenhouse gas emissions and enzyme activities in a Chernozemic soil[J]. Biology and Fertility of Soils, 49: 555-565.

XU G, WEI L L, SUN J N, et al., 2013. What is more important for enhancing nutrient bioavailability with biochar application into a sandy soil: direct or indirect mechanism[J]. Ecological Engineering, 52: 119-124.

YAMATO M, OKIMORI Y, WIBOWO I F, et al., 2006. Effects of the application of charred bark of Acacia mangium on the yield of maize, cowpea and peanut, and soil chemical properties in South Sumatra, Indonesia[J]. Soil Science and Plant Nutrition, 52: 489-495.

YANG X M, DRURY C F, REYNOLDS W D, et al., 2008. Impacts of long-term and recently imposed tillage practices on the vertical distribution of soil organic carbon[J]. Soil and Tillage Research, 100: 120-124.

YIN Y F, HE X H, GAO R, et al., 2014. Effects of rice straw and its biochar addition on soil labile carbon and soil organic carbon[J]. Journal of Integrative Agriculture, 13: 491-498.

ZAVALLONI C, ALBERTI G, BIASIOL S, et al., 2011. Microbial mineralization of biochar and wheat straw mixture in soil: A short-term study[J]. Applied Soil Ecology, 50: 45-51.

ZHANG P, SHENG G Y, FENG Y C, et al., 2005. Role of wheat-residue-derived char in the biodegradation of benzonitrile in soil: Nutritional stimulation ver-sus adsorptive inhibition[J]. Environmental Science and Technology, 39: 5442-5448.

ZHANG B, YAO S H, HU F, 2007. Microbial biomass dynamics and soil wettability as affected by the intensity and frequency of wetting and drying during straw decomposition[J]. European Journal of Soil Science, 58: 1482-1492.

ZHANG S X, LI Q, ZHANG X P, et al., 2012. Effects of conservation tillage on soil aggregation and aggregate binding agents in black soil of Northeast China[J]. Soil and Tillage Research, 124: 196-202.

ZHANG W, CRITTENDEN J, LI K, et al., 2012. Attachment efficiency of nano-particle aggregation in aqueous dispersions: modeling and experimental validation[J]. Environmental Science and Technology, 46: 7054-7062.

ZIMMERMANN M, LEIFELD J, FUHRER J, 2007. Quantifying soil organic carbon fractions by infrared-spectroscopy[J]. Soil Biology and Biochemistry, 39: 224-231.

ZIMMERMAN A R, 2010. Abiotic and microbial oxidation of laboratory-produced black carbon (biochar) [J]. Environmental Science and Technology, 44: 1295-1301.

ZIMMERMAN A R, GAO B, AHN M Y, 2011. Positive and negative carbon mineralization priming effects among a variety of biochar-amended soils[J]. Soil Biology and Biochemistry, 43: 1169-1179.

ZUAZO V H D, PLEGUEZUELO C R R, 2008. Soil-erosion and runoff prevention by plant covers[J]. A review. Agronomy for Sustainable Development, 28: 65-86.